Olaf Pritzkow

Zur Hydrodynamik von Agglomeraten

Olaf Pritzkow

Zur Hydrodynamik von Agglomeraten

Strömungstechnische Untersuchungen einzelner und fraktal aufgebauter Agglomeratstrukturen

Südwestdeutscher Verlag für Hochschulschriften

Impressum/Imprint (nur für Deutschland/only for Germany)
Bibliografische Information der Deutschen Nationalbibliothek: Die Deutsche Nationalbibliothek verzeichnet diese Publikation in der Deutschen Nationalbibliografie; detaillierte bibliografische Daten sind im Internet über http://dnb.d-nb.de abrufbar.
Alle in diesem Buch genannten Marken und Produktnamen unterliegen warenzeichen-, marken- oder patentrechtlichem Schutz bzw. sind Warenzeichen oder eingetragene Warenzeichen der jeweiligen Inhaber. Die Wiedergabe von Marken, Produktnamen, Gebrauchsnamen, Handelsnamen, Warenbezeichnungen u.s.w. in diesem Werk berechtigt auch ohne besondere Kennzeichnung nicht zu der Annahme, dass solche Namen im Sinne der Warenzeichen- und Markenschutzgesetzgebung als frei zu betrachten wären und daher von jedermann benutzt werden dürften.

Coverbild: www.ingimage.com

Verlag: Südwestdeutscher Verlag für Hochschulschriften GmbH & Co. KG
Dudweiler Landstr. 99, 66123 Saarbrücken, Deutschland
Telefon +49 681 37 20 271-1, Telefax +49 681 37 20 271-0
Email: info@svh-verlag.de

Zugl.: Cottbus, BTU, Diss., 2006

Herstellung in Deutschland:
Schaltungsdienst Lange o.H.G., Berlin
Books on Demand GmbH, Norderstedt
Reha GmbH, Saarbrücken
Amazon Distribution GmbH, Leipzig
ISBN: 978-3-8381-2807-8

Imprint (only for USA, GB)
Bibliographic information published by the Deutsche Nationalbibliothek: The Deutsche Nationalbibliothek lists this publication in the Deutsche Nationalbibliografie; detailed bibliographic data are available in the Internet at http://dnb.d-nb.de.
Any brand names and product names mentioned in this book are subject to trademark, brand or patent protection and are trademarks or registered trademarks of their respective holders. The use of brand names, product names, common names, trade names, product descriptions etc. even without a particular marking in this works is in no way to be construed to mean that such names may be regarded as unrestricted in respect of trademark and brand protection legislation and could thus be used by anyone.

Cover image: www.ingimage.com

Publisher: Südwestdeutscher Verlag für Hochschulschriften GmbH & Co. KG
Dudweiler Landstr. 99, 66123 Saarbrücken, Germany
Phone +49 681 37 20 271-1, Fax +49 681 37 20 271-0
Email: info@svh-verlag.de

Printed in the U.S.A.
Printed in the U.K. by (see last page)
ISBN: 978-3-8381-2807-8

Copyright © 2011 by the author and Südwestdeutscher Verlag für Hochschulschriften GmbH & Co. KG and licensors
All rights reserved. Saarbrücken 2011

Inhaltsverzeichnis

1 EINLEITUNG UND PROBLEMSTELLUNG **1**

2 GRUNDLAGEN ZUR UM- UND DURCHSTRÖMUNG VON KÖRPERN ... **2**
    2.1 Strömungsformen und die **REYNOLDS**-Zahl 2
    2.2 Angreifende Kräfte bei der Sedimentation und C_W-Wert 4
    2.3 Druck- und Reibungsverteilung auf der Kugeloberfläche 8
    2.4 Rohrströmung 12
        2.4.1 Laminare Rohrströmung 12
        2.4.2 Turbulente Rohrströmung 13
        2.4.3 Rauhigkeitseinfluss 13

**3 STAND DES WISSENS ZUR BESCHREIBUNG VON STRÖMUNGS-
VORGÄNGEN UM UND DURCH PORÖSE KUGELFÖRMIGE KÖRPER** .. **17**
    3.1 Modelle zur Hydrodynamik fraktaler Aggregate mit sich radial
         ändernder Permeabilität 17
        3.1.1 Das **DILUTE LIMITE** Model 19
        3.1.2 **HAPPEL**´sches Modell 19
        3.1.3 Das **KOZENY-CARMAN** Modell 20
        3.1.4 **HOWELLS, HINCH, KIM, RUSSEL**´sches Modell 20
    3.2 Modelle zur Durchströmung von Festbetten aus porösen Partikeln 20
        3.2.1 Das Schwarm-Modell 20
        3.2.2 Das Zellen-Modell 21

4 MATERIAL UND METHODEN **22**
    4.1 Verwendete Agglomeratstrukturen 22
        4.1.1 Herstellung 22
        4.1.2 Nomenklatur und Auflistung 26
        4.1.3 Charakterisierung von Agglomeratstrukturen 29
    4.2 Sedimentationsversuche 40
    4.3 Anströmversuche an fixierten Agglomeraten 44
    4.4 Numerische Strömungssimulation 47
        4.4.1 Gittergenerierung 47
        4.4.2 Numerische Strömungssimulation mit **FLUENT** 49

5 DARSTELLUNG DER ERGEBNISSE **54**
    5.1 Kugelsedimentation 54
    5.2 Agglomeratsedimentation 57
    5.3 Anströmversuche an fixierten Kugeln 58
        5.3.1 Anströmversuche an fixierten Kugeln mit ablaufendem
             Strömungsmedium 58
        5.3.2 Anströmversuche mit stationärer Anströmung von unten 62
    5.4 Anströmversuche an fixierten Agglomeraten mit ablaufendem
         Strömungsmedium 64

Inhaltsverzeichnis

5.5	Numerische Strömungssimulation	66
	5.5.1 Umströmung einer Kugel in einer Kolonne	66
	5.5.2 Umströmung von zwei Kugeln	67
	5.5.3 Fixierte Kugeln	70
	5.5.4 Agglomerate	78

6 AUSWERTUNG ... **80**

6.1 Einfluss der Fixierung der Probekörper ... 80
6.2 Varianten zum Vergleich mit Kugeln ... 84
6.3 Modellierung für den Laminarbereich ... 87
    6.3.1 Berechnung der projektionsflächenäquivalenten Kugelwiderstände ... 88
    6.3.2 Berechnung des Modells ... 89
        6.3.2.1 Offene Agglomeratstrukturen ... 91
        6.3.2.2 Geschlossene Agglomeratstrukturen ... 104
    6.3.3 Allgemeiner Ansatz für Agglomeratstrukturen ... 105
6.4 Modellansatz für den turbulenten Bereich ... 108
    6.4.1 Berechnung der projektionsflächenäquivalenten Kugelwiderstände ... 108
    6.4.2 Berechnung des Modells ... 109
        6.4.2.1 Kugelagglomerate ... 109
        6.4.2.2 Zweistufige Fraktalagglomerate ... 117
6.5 Zusammenhängende Betrachtungen ... 127

7 MESSANORDNUNG OHNE EINFLUSS DER DICHTE DES PROBEKÖRPERMATERIALS UND DER FIXIERUNG ... **131**

7.1 Vermeidung der Nachteile der bisher verwendeten Messanordnungen ... 131
7.2 Anforderungen an das System ... 132
7.3 Berechnung der maximal wirkenden resultierenden Kraft ... 133
7.4 Elektrotechnische Berechnungen ... 135

8 FAZIT UND AUSBLICK ... **144**

9 LITERATURVERZEICHNIS ... **146**

10 VERZEICHNIS VERWENDETER ABKÜRZUNGEN, SYMBOLE UND INDICES ... **155**

11 ANHÄNGE ... **160**

1 EINLEITUNG UND PROBLEMSTELLUNG

Für die effektive Gestaltung von vielen technologischen bzw. biotechnologischen Prozessen sind Kenntnisse zum Um- und Durchströmungsverhalten von inhomogen aufgebauten Agglomeratstrukturen notwendig. In einer Reihe von Veröffentlichungen wurden zur Hydrodynamik permeabler Aggregate theoretische und empirische Lösungsansätze vorgestellt, die jedoch meist nur begrenzt gültig sind. Die am häufigsten formulierten Einschränkungen sind die Gültigkeit für den laminaren Strömungsbereich sowie weitestgehend kugelförmige Gestalt und homogener Aufbau der Agglomeratstrukturen.

Die äußere Gestalt und innere Porosität der Agglomerate führt beim Aussetzen einer Relativbewegung zu einem Fluid zu einem unterschiedlichen Verhalten im Vergleich zur kompakten Kugel. Die Umströmungsbedingungen werden dabei sowohl durch die äußere Oberflächengestalt der Agglomeratstrukturen als auch durch die mögliche Durchströmung bestimmt. Die Durchströmung selbst führt zu einer scheinbaren Projektionsflächenverringerung des Körpers, was eine niedrigere Widerstandskraft zur Folge hätte, aber auch zu einer erhöhten Reibung zwischen Fluid und Agglomerat verbunden mit einer Erhöhung der Widerstandskraft.

Diese Arbeit soll einen Beitrag leisten, die Auswirkungen dieser beiden gegenläufigen Tendenzen, verbunden mit der wechselseitigen Beeinflussung der Um- und Durchströmung der Agglomeratstrukturen, auf strömungstechnische Größen wie die Widerstandskraft, den Widerstandsbeiwert und die stationäre Sinkgeschwindigkeit qualitativ und quantitativ zu beschreiben. Ein physikalisch begründetes Modell für in Flüssigkeiten bewegte Partikelstrukturen soll helfen, z.B. gezielt Einfluss auf die Struktur immobilisierter Reaktionssysteme hinsichtlich Porosität, Permeabilität und anderer verfahrenstechnisch relevanter Einflussgrößen zu nehmen. Von Interesse können diese Erkenntnisse sowohl für verfahrenstechnische Prozesse, wie die Sedimentation, Filtration und Agglomeration, als auch im weiteren Sinne für das Verständnis beispielsweise der Strömung durch räumlich aufgebaute Polymerstrukturen und andere permeable Objekte sein.

2 GRUNDLAGEN ZUR UM- UND DURCHSTRÖMUNG VON KÖRPERN

In dieser Arbeit sollen Strömungsphänomene in und um inhomogen aufgebaute Agglomeratstrukturen experimentell untersucht und physikalisch begründet modelliert werden. Von großer Bedeutung für die Interpretation der Messergebnisse und den Umgang mit den quantitativen und qualitativen Aussagen ist das Vorhandensein eines Bezugssystems. Aufgrund der Kugelform der Primärpartikel bzw. Grundbausteine der untersuchten Agglomeratstrukturen und im weiteren Sinne der Agglomerate selbst bietet sich die kompakte Kugel als Referenzsystem an. Dabei kann auf umfangreiche theoretische, experimentelle und numerische Untersuchungen der Umströmung von Kugeln zurückgegriffen werden.

Für die Beschreibung der Durchströmungsvorgänge des Porensystems im Inneren der Agglomeratstrukturen wird auf die Erkenntnisse der Rohrströmung in den verschiedenen Strömungsbereichen zurückgegriffen.

2.1 Strömungsformen und die REYNOLDS-Zahl

Bei Untersuchungen von Strömungen realer Fluide sind zwei Strömungsformen zu beobachten:

- laminare (oder Schicht-) Strömung
- turbulente (oder Wirbel-) Strömung.

Bei der laminaren Strömung bewegen sich die Fluidteilchen in geordneten, nebeneinander laufenden Schichten, die sich weder durchsetzen, noch miteinander mischen (nur im mikroskopischen Bereich durch Diffusion). Ab einem kritischen Wert für die Strömungsgeschwindigkeit ändert sich das Strömungsbild erheblich und wird instabil. Bei der turbulent gewordenen Strömung überlagern sich der geordneten Grundströmung ungeordnete stochastische Schwankungsbewegungen in Quer- und Längsrichtung. Sie ist insgesamt durch folgende Eigenschaften gekennzeichnet [1]:

- zeitabhängig
- unregelmäßig
- mischungsintensiv
- dreidimensional
- drehungsbehaftet
- dissipativ

Der Umschlag laminar-turbulent erfolgt bei der sog. kritischen **REYNOLDS**-Zahl (Re_{kr}), ist von der Art des Strömungsvorganges, der Vorturbulenz des Fluids und anderen Einflüssen (z.B. Erschütterungen, Oberflächenrauhigkeit usw.) abhängig.

Sie muss deshalb experimentell ermittelt werden und ergibt in Abhängigkeit der Versuchsbedingungen keine exakt gleichen Werte.
Die **REYNOLDS**-Zahl ist allgemein definiert durch:

$$Re = \frac{v \cdot d \cdot \rho}{\eta}$$ Gleichung 1

wobei v die Relativgeschwindigkeit des festen Strömungskörpers mit der charakteristischen Abmessung d zum umströmenden Fluid ist, ρ und η die Dichte und dynamische Viskosität des Fluides sind. Die **REYNOLDS**-Zahl beschreibt die Strömungsform, ist aus der Dimensionsanalyse entstanden und anschaulich als das Verhältnis von Trägheits- zu viskosen Kräften zu verstehen. Für starre Kugeln ist für d in Gleichung 1 der Durchmesser einzusetzen. Re_{kr} ist für die Kugel als Widerstandskörper zwischen $3*10^5$ und $5*10^5$ (in Sonderfällen bis $3*10^6$).

Nach der Größe von Re unterscheidet man für Kugeln [2]:

a) **STOKES-Bereich**, im Bereich der schleichenden Umströmung bei Re<<1 (praktisch: Re ≤ 0,25) dominieren die viskosen Kräfte, die Strömung löst sich nicht ab und folgt der Kontur über die gesamte Oberfläche. Es sei an dieser Stelle bereits erwähnt, dass auf unrunde Körper unabhängig von deren Orientierung kein Drehmoment einwirkt.

b) **Übergangsbereich** (0,25<Re<10^3), der Einfluss der Trägheitskräfte nimmt zu, die Strömung folgt der Körperkontur nicht mehr vollständig, sondern löst sich auf der Abstromseite in einzelnen, zunächst laminaren Wirbeln ab (siehe Abbildung 1).

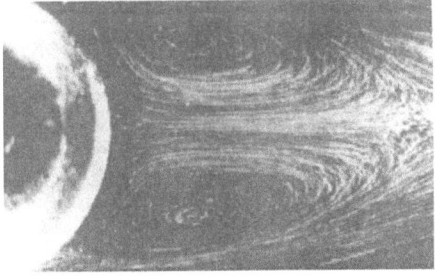

Abbildung 1: Fotografie eines Strömungsfeldes hinter einer starren Kugel bei einer Re-Zahl von 118 [3]

Diese stationären Ringwirbel werden mit zunehmender Re-Zahl größer und der Ablösewinkel Θ_A (siehe Abbildung 2) wandert in Richtung Äquator. Auf der Vorderseite stellt sich mit zunehmender Re-Zahl eine Grenzschichtströmung ein. Auf der Rückseite ist der Strömungszustand bei Vorhandensein des Ringwirbels grenzschichtähnlich [4].

Grundlagen zur Um- und Durchströmung von Körpern

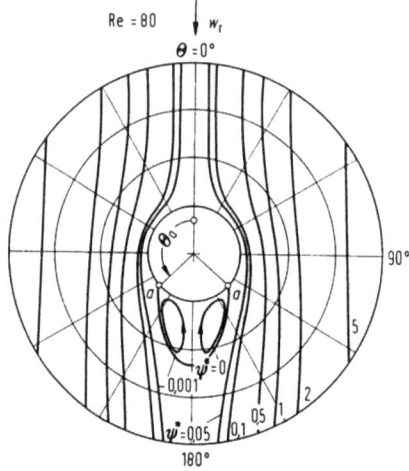

Abbildung 2: Stromlinienfeld in der Umgebung einer starren Kugel für Re=80 [4]

c) Im **Quadratischen Bereich** bei $10^3 < Re < 10^5$ sind die viskosen Kräfte gegenüber der Druckkraft, die die Anströmung auf die Kugelvorderseite ausübt, vernachlässigbar. Die Widerstandskraft wächst über einen weiten Bereich annähernd mit dem Quadrat der Geschwindigkeit.

d) Im **Überkritischen Bereich** bei $Re > Re_{kr} \approx 10^3$ wird die Grenzschicht auf der Anströmseite turbulent, bevor der Kugeläquator erreicht wird. Der Ablösepunkt wandert wieder deutlich hinter den Äquator und es kommt zu einem Wiederanlegen der Strömung.

2.2 Angreifende Kräfte bei der Sedimentation und C_W-Wert

Betrachtet man die gleichförmige Bewegung von Kugeln bei der stationären Sinkgeschwindigkeit reduziert sich das Kräftegleichgewicht zu:

$$\overrightarrow{F_G} + \overrightarrow{F_B} + \overrightarrow{F_W} = 0 \qquad \text{Gleichung 2}$$

wobei F_G die Gewichtskraft, F_B die Auftriebskraft und F_W die Widerstandskraft der Kugel sind. Außerdem tritt vereinfachend nur die vertikale Komponente der Kräfte bzw. Geschwindigkeiten auf, so dass man durch Einsetzen erhält:

$$\rho_K \cdot g \cdot \frac{\pi}{6} \cdot d_K^3 - \rho_{fl} \cdot g \cdot \frac{\pi}{6} \cdot d_K^3 = \frac{\rho_{fl}}{2} \cdot v_{sed}^2 \cdot \frac{\pi}{4} \cdot d_K^2 \cdot C_W(Re) \qquad \text{Gleichung 3}$$

Grundlagen zur Um- und Durchströmung von Körpern

wobei der Term $\frac{\rho_{fl}}{2} \cdot v_{sed}^2$ den Staudruck und $\frac{\pi}{4} \cdot d_K^2$ die Anströmfläche darstellen.

Der C_W-Wert ist der Widerstandsbeiwert der Kugel und als das Verhältnis von der wirkenden Widerstandskraft und dem Produkt aus Staudruck und Anströmfläche definiert:

$$C_W = \frac{F_W \cdot 8}{\rho_{fl} \cdot v_{sed}^2 \cdot \pi \cdot d_K^2}$$ Gleichung 4

Die über die Oberfläche der Kugel gemittelte Widerstandskraft setzt sich aus der Reibungskraft F_R und der Druckkraft F_D zusammen:

$$F_W = F_R + F_D$$ Gleichung 5

Zur dimensionslosen Darstellung verwendet man Beiwerte mit folgenden Definitionen [5]:

$$C_W = \frac{F_W / A_{O,K}}{\rho_{fl} \cdot v^2 / 2}$$ Gleichung 6

$$C_R = \frac{F_R / A_{O,K}}{\rho_{fl} \cdot v^2 / 2}$$ Gleichung 7

$$C_D = \frac{F_D / A_{O,K}}{\rho_{fl} \cdot v^2 / 2}$$ Gleichung 8

Für den Widerstandsbeiwert gilt demzufolge:

$$C_W = C_R + C_D$$ Gleichung 9

In Abbildung 3 ist die Zusammensetzung des Widerstandsbeiwertes aus dem Reibungs- und Druckbeiwert grafisch dargestellt. Für Re < 10 ist der Reibungsbeiwert doppelt so groß wie der Druckbeiwert. Mit steigender Re-Zahl wird der Reibungsbeiwert jedoch immer kleiner, während der Druckbeiwert einem nahezu konstanten Wert zustrebt.

Der Widerstandsbeiwert ist weiterhin eine Funktion der Re-Zahl und wurde über einen weiten Bereich empirisch ermittelt. Im Kapitel 2.1 wurde bereits erwähnt, dass in Abhängigkeit von den Versuchbedingungen von verschiedenen Autoren die C_W-Wertermittlung und die Unterteilung in die verschiedenen Strömungsbereiche teilweise stark schwanken.

Grundlagen zur Um- und Durchströmung von Körpern

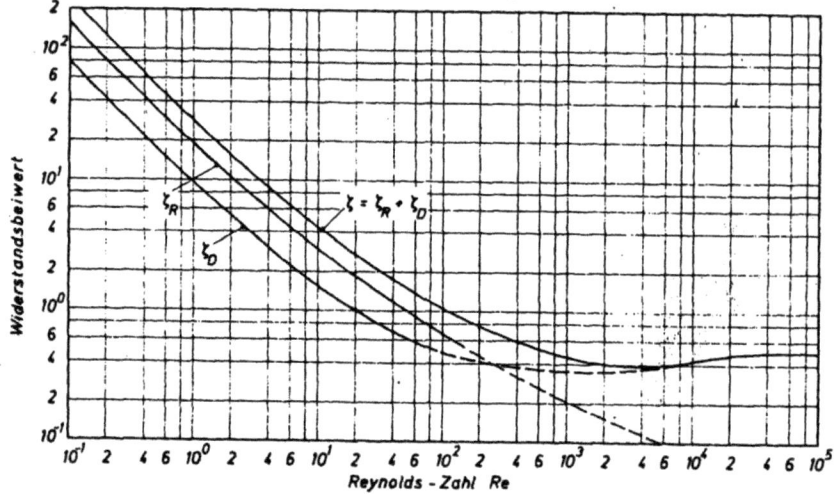

Abbildung 3: Vergleich von Reibungs- und Druckbeiwert mit dem Widerstandsbeiwert von Kugeln [6]

Für den Bereich der schleichenden Umströmung hat **STOKES** erstmals unter Vernachlässigung der Trägheitsglieder gegenüber den Reibungsgliedern eine theoretische Lösung der **NAVIER-STOKES**-Gleichungen erhalten und die Abhängigkeit des C_W-Wertes von der Re-Zahl angegeben (siehe Kurve b in Abbildung 4). Die Gleichung lautet dann:

$$\boxed{C_W = \frac{24}{Re}} \qquad \text{Gleichung 10}$$

OSEEN [7] hat durch die Berücksichtigung der linearisierten Trägheitsglieder in den Bewegungsgleichungen eine Verbesserung der **STOKES**'schen Formel angegeben, die bis zu Re-Zahlen von etwa 2 zufrieden stellend mit experimentellen Ergebnissen übereinstimmt:

$$\boxed{C_W = \frac{24}{Re} \cdot \left(1 + \frac{3}{16} Re\right)} \qquad \text{Gleichung 11}$$

Bei höheren Re-Zahlen muss der Widerstandsbeiwert experimentell oder numerisch ermittelt werden. Eine Vielzahl von Wissenschaftlern führten umfangreiche Untersuchungen durch und geben für mehr oder weniger ausgedehnte Bereiche Gleichungen für die Korrelation ihrer Ergebnisse an.

Einige sollen an dieser Stelle exemplarisch aufgeführt werden:

IHME et al. [7] 0<Re<80 $\quad\boxed{C_W = \dfrac{24}{Re} + \dfrac{5,48}{Re^{0,573}} + 0,36}\quad$ Gleichung 12

YILMAZ [8] 0<Re<10^5 $\quad\boxed{C_W = \dfrac{24}{Re} + \dfrac{3,73}{Re^{0,5}} - \dfrac{4,83 \cdot 10^{-3} \cdot Re^{0,5}}{1 + 3 \cdot 10^{-6} \cdot Re^{1,5}} + 0,49}\quad$ Gleichung 13

ABRAHAM [9] 0<Re<6000 $\quad\boxed{C_W = \dfrac{24}{Re} \cdot (1 + 0,11 \cdot Re^{0,5})^2}\quad$ Gleichung 14

WHITE [10] 0<Re<2·10^5 $\quad\boxed{C_W = \dfrac{24}{Re} + \dfrac{6}{1 + Re^{0,5}} + 0,4}\quad$ Gleichung 15

KASKAS u. BRAUER [2] 0<Re<10^5 $\quad\boxed{C_W = \dfrac{24}{Re} + \dfrac{4}{Re^{0,5}} + 0,4}\quad$ Gleichung 16

In Abbildung 4 ist der C_W-Wert über der Re-Zahl im Bereich 6·10^{-1}<Re<4·10^5 für weitere experimentelle Untersuchungen aufgetragen. Die Kurve a ist die von YILMAZ ermittelte Ausgleichskurve nach Gleichung 13. Das starke Abfallen der Werte bei ca. 3·10^5 stellt den Übergang vom unterkritischen zum überkritischen Bereich dar und repräsentiert das Turbulentwerden der Grenzschicht an der Kugeloberfläche.

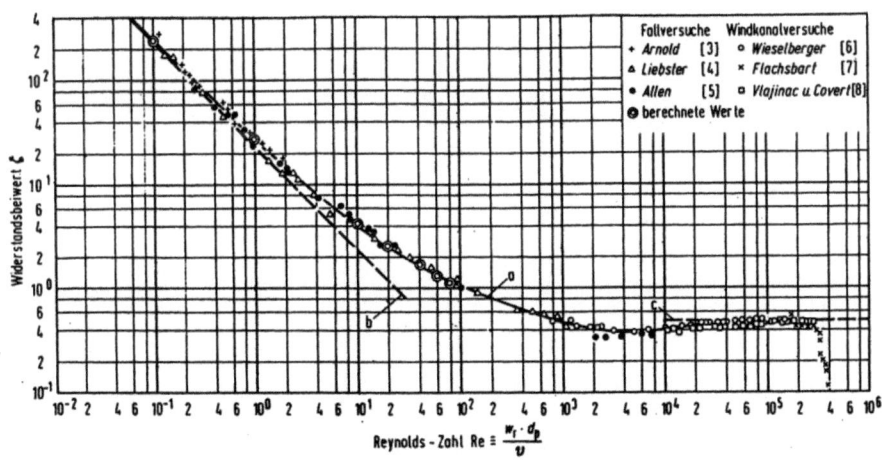

Abbildung 4: Widerstandsbeiwert von Kugeln, a Ausgleichskurve durch berechnete und gemessene Werte nach Formel 13, b STOKES'sches Grenzgesetz nach Formel 10, c das NEWTON'sche Grenzgesetz mit C_W=0,49 [4]

2.3 Druck- und Reibungsverteilung auf der Kugeloberfläche

In Abbildung 5 ist das Strömungsprofil um einen runden Körper dargestellt. Im Punkt 0° befindet sich der Staupunkt des Systems mit einem entsprechenden Druckanstieg gemäß Gleichung 17 (in dieser Abbildung wurde w für die Geschwindigkeit des Fluids gewählt).

$$\boxed{p_0 = \frac{\rho_{fl}}{2} \cdot v_{fl}^2} \qquad \text{Gleichung 17}$$

Die Stromlinien öffnen sich an diesem Punkt und schließen sich nach der Umströmung wieder auf der Rückseite. Durch den längeren Weg der wandnahen Fluidteilchen von 0°-90° gegenüber der Außenströmung werden diese beschleunigt und von 90°-180° wieder verzögert. Gemäß dem Gesetz von **BERNOULLI** bewirkt diese Tatsache einen Druckanstieg.

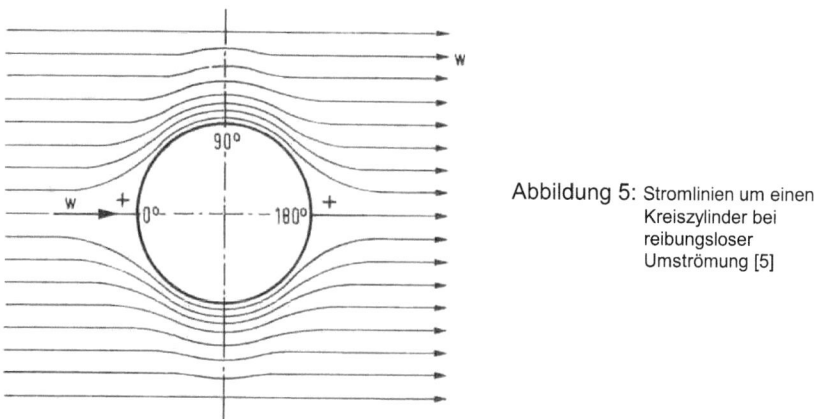

Abbildung 5: Stromlinien um einen Kreiszylinder bei reibungsloser Umströmung [5]

In einer idealen Strömung ergibt sich die in Abbildung 6 dargestellte Druckverteilung auf der Körperoberfläche. Die Nettokraft ist auf Grund der vollständigen Symmetrie in Bezug auf die waagerechte Körperachse gleich null. Dieser Umstand wird **D`ALEMBERTSCHES** Paradoxon genannt, da er im Widerspruch zu den Beobachtungen an realen Fluiden steht.

Grundlagen zur Um- und Durchströmung von Körpern

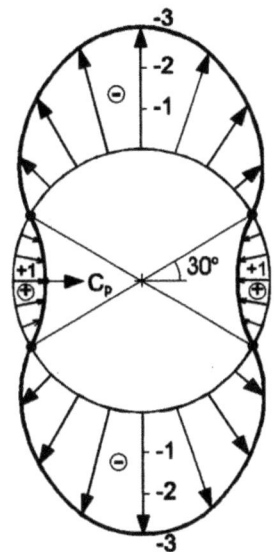

Abbildung 6: Druckverteilung an der Zylinderperipherie bei idealer Strömung [11]

In Abbildung 7 ist dieser Umstand noch einmal als das Verhältnis des Druckes an der Oberfläche des Zylinders zum Druck im Staupunkt über dem Umfangswinkel dargestellt. Die durchgezogene Linie „ideal" verläuft dabei symmetrisch um die vertikale oder 90°-Achse.

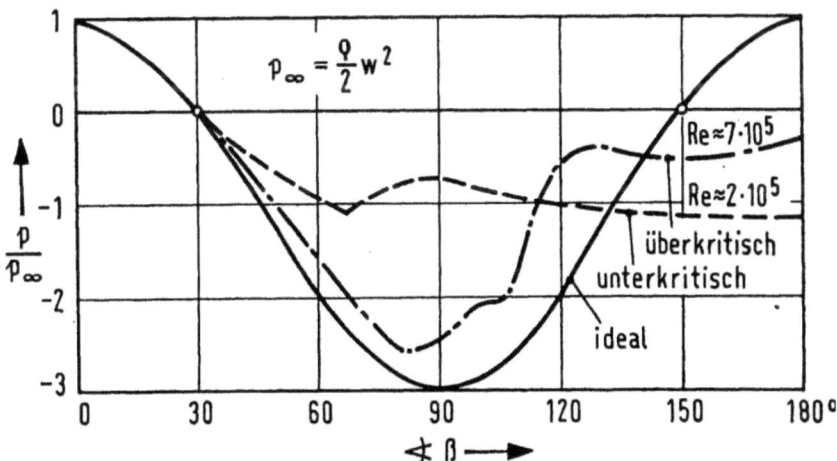

Abbildung 7: Druckverteilung bei idealer, unterkritischer und überkritischer Umströmung im Verhältnis zum dynamischen Druck und in Abhängigkeit des Umfangswinkels [5]

Für die Kugelumströmung sind die Stromlinien und die Druckverteilung unter idealen Bedingungen auch symmetrisch und denen der Zylinderumströmung sehr ähnlich. Aus der Potentialtheorie ergeben sich folgende Formeln zur Beschreibung der Druckverteilung für den Zylinder (siehe Abbildungen 6 und 7)

und die Kugel

$$p = (1 - 4 \cdot \sin^2 \theta) \cdot p_0 \quad \text{Gleichung 18}$$

$$p = (1 - \frac{9}{4} \cdot \sin^2 \theta) \cdot p_0 \quad \text{Gleichung 19}$$

In theoretischen Betrachtungen für das Absetzverhalten von kompakten kugelförmigen Partikeln gilt folgende Gleichung für die Druckverteilung über die Oberfläche im STOKES'schen Fall [12,13]:

$$p = -\frac{3}{2} \cdot \frac{\eta \cdot v_{fl}}{r_K} \cdot \cos \theta \quad \text{Gleichung 20}$$

mit den Extremwerten

$$p_{max} = \frac{3}{2} \cdot \frac{\eta \cdot v_{fl}}{r_K} \quad \text{Gleichung 21}$$

und

$$p_{min} = -\frac{3}{2} \cdot \frac{\eta \cdot v_{fl}}{r_K} \quad \text{Gleichung 22}$$

Diese Druckverteilung über der Kugeloberfläche unter realen laminaren Strömungsbedingungen ist in Abbildung 8 grafisch dargestellt.

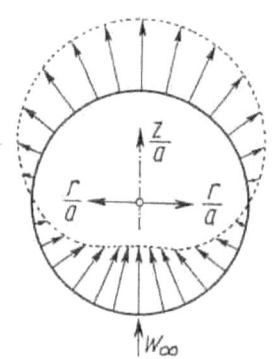

Abbildung 8: Druckverteilung auf der Oberfläche [14]

Grundlagen zur Um- und Durchströmung von Körpern

Die Integration über der gesamten Kugeloberfläche liefert als Ergebnis folgenden Druckwiderstand:

$$\boxed{F_{W,D} = 2 \cdot \pi \cdot r \cdot \eta \cdot v_\infty}$$ Gleichung 23

Analog ergibt sich für die Wandschubspannungen auf der Kugeloberfläche

$$\boxed{\tau = -\frac{3}{2} \cdot \frac{\eta \cdot v_{fl}}{r_K} \cdot \sin\theta}$$ Gleichung 24

der folgende Reibungswiderstand:

$$\boxed{F_{W,R} = 4 \cdot \pi \cdot r \cdot \eta \cdot v_\infty}$$ Gleichung 25

Vergleicht man Gleichung 23 und 25 kann man feststellen, dass unter laminaren Strömungsverhältnissen um eine Kugel der Reibungswiderstand doppelt so groß ist wie der Druckwiderstand. Genau genommen verändert sich das Verhältnis von Druck- zu Reibungswiderstand in Abhängigkeit von der Re-Zahl (per Definition der Re-Zahl). Dieser Umstand kann auch noch einmal anhand der Abbildung 9 nachvollzogen werden, wo die Teilwiderstände über einen weiten Re-Zahlbereich getrennt und als Gesamtwiderstand grafisch dargestellt sind.

Es ist zu erkennen, dass bei Re-Zahlen unter 10 der C_R-Wert doppelt so groß ist wie der C_D-Wert (in der Abbildung 9 wurde für den Widerstandsbeiwert der Buchstabe ζ verwendet). Die Kräfte sind den Widerstandsbeiwerten direkt proportional und das Verhältnis demzufolge die Gleichen.

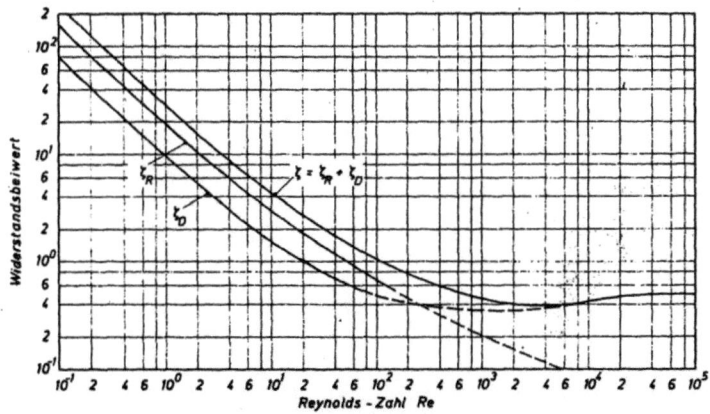

Abbildung 9: Vergleich von Reibungs- und Druckbeiwert mit dem Widerstandsbeiwert von Kugeln [6]

Die experimentellen Untersuchungen an den Agglomeratstrukturen wurden bei Re-Zahlen bis ca. 16.000 durchgeführt. Dies entspricht turbulenten Strömungsbedingungen. Eine exakte mathematische Formulierung für die Berechnung der Druck- und Reibungsverhältnisse über der gesamten Kugeloberfläche kann in diesem Bereich nicht mehr stattfinden, da die Strömung in mehr oder minder weiten Bereichen der Rückseite instationär ist.

Die Zusammensetzung kann aber als Gesamtwirkung wieder aus Abbildung 9 entnommen werden. Es wird auch deutlich, dass der Druckwiderstand einem nahezu konstanten Wert zustrebt, während der Reibungswert kontinuierlich abfällt. Ab einer Re-Zahl von ca. 6000 besteht der gesamte Widerstand nur noch aus Druck verursachtem Widerstand.

2.4 Die Rohrströmung

2.4.1 Laminare Rohrströmung

Die Herleitungen der Gesetzmäßigkeiten für die laminare Rohrströmung basieren auf den Erkenntnissen von **HAGEN** und **POISEUILLE**. Im stationären Strömungszustand besteht ein Gleichgewicht zwischen der beschleunigenden Kraft und der Reibungswiderstandskraft [16]. Die beschleunigende Kraft ist dabei die Resultierende aller in positiver oder negativer Strömungsrichtung an einem Flüssigkeitszylinder angreifenden Kräfte.

Die Druckkraft lässt sich aus der Anströmfläche und der herrschenden Druckdifferenz berechnen:

$$F_D = \pi \cdot r^2 \cdot \Delta p \qquad \text{Gleichung 26}$$

Die Reibungskraft ergibt sich aus der Multiplikation der Zylindermantelfläche und der Wandschubspannung zu:

$$F_R = 2 \cdot \pi \cdot r \cdot l \cdot \tau \qquad \text{Gleichung 27}$$

Für die laminare Rohrströmung in einem Rohr gilt also:

$$F_D = F_R \qquad \text{Gleichung 28}$$

In Abbildung 10 ist das Strömungsprofil für die laminare und turbulente Rohrströmung grafisch dargestellt.

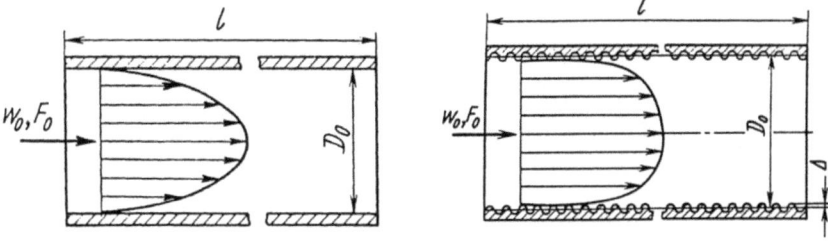

Abbildung 10: Laminares (links) und turbulentes Strömungsprofil (rechts) in Rohren [20]

2.4.2 Turbulente Rohrströmung

Bei der turbulenten oder Wirbel behafteten Rohrströmung treten neben der in Rohrachse gerichteten Transportbewegung noch Querbewegungen auf. Die Geschwindigkeitsverteilung ist wesentlich gleichmäßiger, d.h. das Strömungsprofil abgeflachter als bei der laminaren Strömung (siehe Abbildung 10). Turbulente Strömung tritt oberhalb von der kritischen Re-Zahl von 2320 auf, obwohl bei vorsichtigem Experimentieren, d.h. vor allem bei Vermeidung von Vorturbulenzen und Erschütterungen auch oberhalb von Re = 2320 ein gewisser labiler laminarer Zustand möglich ist, der jedoch sofort beim Auftreten einer Störung in den stabilen turbulenten Zustand übergeht.

Im Gegensatz zur laminaren Rohrströmung hat die Rauhigkeit bei der turbulenten Rohrströmung einen nennenswerten Einfluss.

2.4.3 Rauhigkeitseinfluss

Die Rohrreibungszahl λ beträgt für laminare Strömung:

$$\lambda = \frac{64}{Re}$$ Gleichung 29

Für die turbulente Strömung wurden viele Untersuchungen durchgeführt, um den Einfluss der Rauhigkeit auf den Druckverlust zu bestimmen. In Abbildung 16 ist stellvertretend ein Diagramm des Widerstandsbeiwertes über der Re-Zahl dargestellt, in dem die Ergebnisse von **MOODY** einflossen.

Grundlagen zur Um- und Durchströmung von Körpern

Die Rohrreibungszahl wird dabei sowohl von der Re-Zahl als auch von der Oberflächenbeschaffenheit beeinflusst. Diese Oberflächenbeschaffenheit wird als Quotient der Höhe der Unebenheiten k (siehe Abbildung 11) auf der Rohrinnenwand und dem Durchmesser des Rohres angegeben und häufig mit relativer hydraulischer Rauhigkeit bezeichnet [17]. Ein Rohr kann sich bei einer bestimmten Rauhigkeit auch bei Re > 2320 hydraulisch glatt verhalten, nämlich dann wenn die Unebenheiten nicht aus der Grenzschicht mit der Höhe δ_0 herausragen (siehe Fall rot in Abbildung 11; auch Abbildung 12).

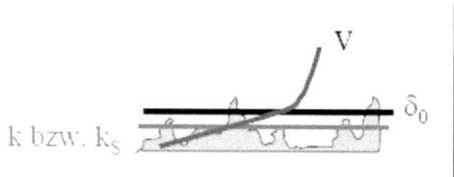

Abbildung 11: Rauhigkeit und Grenzschicht im Rohr [16]

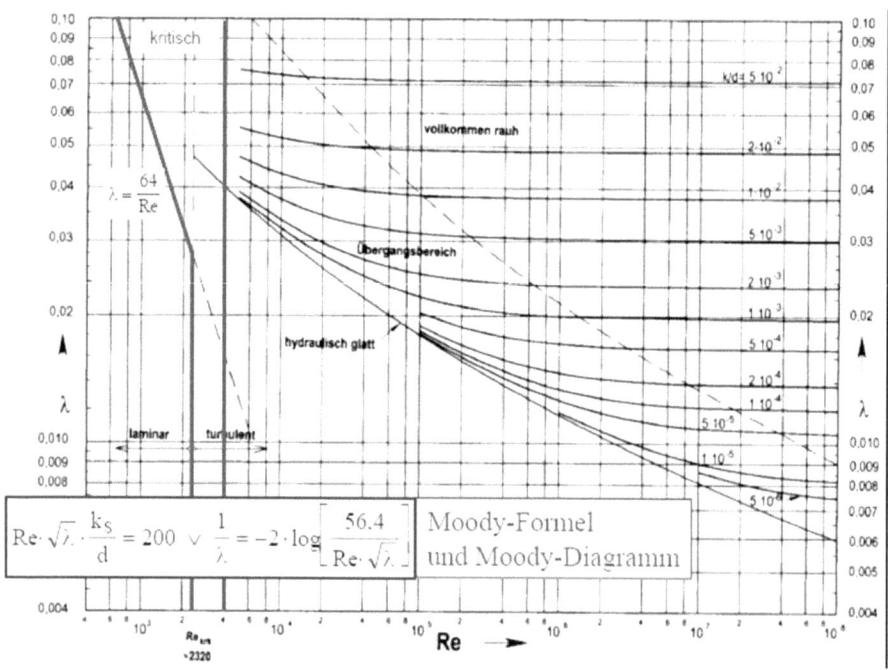

Abbildung 12: Diagramm zur Bestimmung der Rohrreibungszahl nach **MOODY** [16]

Grundlagen zur Um- und Durchströmung von Körpern

Schwierig zu behandeln ist der Bereich um die kritische Re-Zahl. **ZANKE** bietet aber einen berechnungstechnisch stetigen Übergang vom laminaren in den turbulenten Bereich an, der nach folgender Formel berechnet werden kann [18]:

$$\lambda = \frac{64}{Re} \cdot (1-a) + a \cdot \left[-0{,}868 \cdot \ln\left(\frac{\ln(Re)^{1,2}}{Re} + \frac{k}{3{,}71 \cdot d} \right) \right]^{-2} \qquad \text{Gleichung 30}$$

mit
$$a = e^{-e^{-(0{,}0033 \cdot Re - 8{,}75)}} \qquad \text{Gleichung 31}$$

In den nachfolgenden Diagrammen ist der stetige Ansatz nach **ZANKE** noch einmal für drei verschiedene Rauhigkeiten gegenüber Ansätzen anderer Autoren dargestellt.

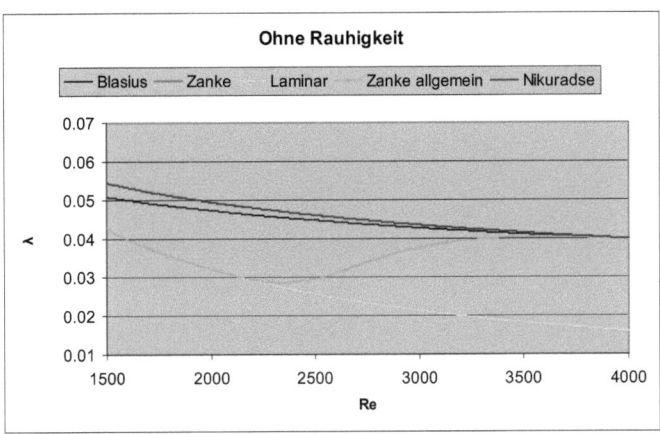

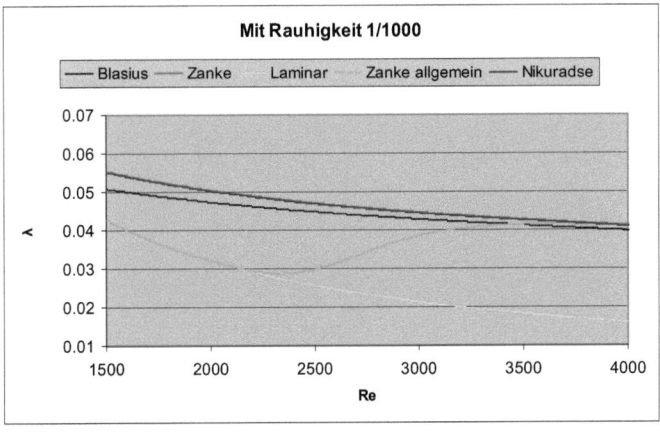

Grundlagen zur Um- und Durchströmung von Körpern

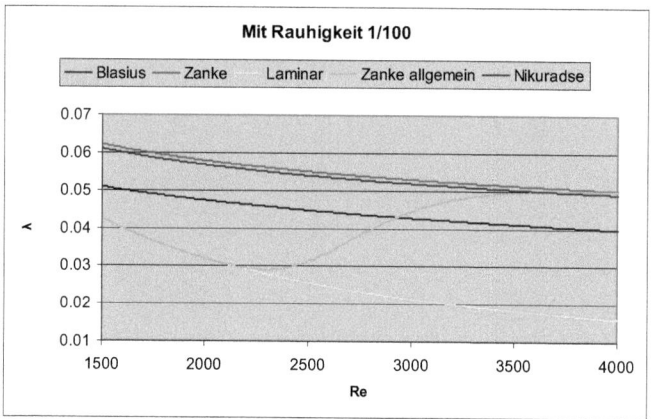

Abbildungen 13: Abhängigkeit der Rohrreibungszahl von der Re-Zahl für verschiedene Rauhigkeiten

3 Stand des Wissens zur Beschreibung von Strömungsvorgängen um und durch poröse kugelförmige Körper

Bereits 1994 wurde im Rahmen eines von der Deutschen Forschungsgemeinschaft geförderten Projektes eine Literaturrecherche zum Thema dieser Arbeit durchgeführt und ausgewertet [19, 20]. Prinzipiell musste damals wie heute jedoch festgestellt werden, dass die Modellansätze nicht zur Beschreibung der untersuchten Problemstellung geeignet sind. Ansatzpunkte ergeben sich aber bei der Erweiterung des Untersuchungsgegenstandes durch weitere experimentell oder theoretisch zu untersuchende Zielgrößen und deren Auswertung.

Im Folgenden werden bekannte Theorien und Modellvorstellungen präsentiert [21 bis 51] und ihre Verwertbarkeit für diese Arbeit beurteilt.

3.1 Modelle zur Hydrodynamik fraktal aufgebauter Agglomerate mit sich radial ändernder Porosität

Als ein Strukturmodell wurde das Schalenmodell vorgeschlagen (siehe Abbildung 14), bei dem das Agglomerat zur Vereinfachung in n Schalen aufgeteilt wird. Die innerste Schale i entspricht in ihrer Größe der eines Primärpartikels. Je größer n gewählt wird, umso höhere Genauigkeiten können erzielt werden. Die kontinuierliche Porositätsfunktion, die in engem Zusammenhang mit der Durchlässigkeit steht, wird durch eine diskontinuierliche Funktion ersetzt. Die Annahme ist, dass die Porositäten in verschiedenen Schalen unterschiedlich, innerhalb der Schalen aber konstant sind. Diese Vereinfachung stellt eine kritische Voraussetzung zur Verwendung des BRINKMAN'schen Modells zur Strömungsberechnung in Agglomeratstrukturen dar [23]. Die unterschiedlichen Betrachtungsweisen des Schalenmodells beruhen prinzipiell auf den Herleitungen von *NEALE* et al. [24], *MASLIAH* et al. [46] sowie *OOMS* et al. [25] und gelten für fraktale Agglomerate mit und ohne festen Kern sowie homogener Durchlässigkeit. Diese legten für die Strömungsbeschreibung im Inneren die Gleichungen von *DARCY* und *BRINKMAN* zu Grunde, wobei vorausgesetzt wird, dass das Fluid dichtebeständig ist und die Geschwindigkeiten so gering, dass die Trägheitskräfte vernachlässigbar sind. Die Umströmung wurde mit der Kontinuitätsgleichung nach *STOKES* beschrieben. Anschließend wurden die Um- und Durchströmung gekoppelt.

Stand des Wissens zur Beschreibung von Strömungsvorgängen um und durch poröse kugelförmige Körper

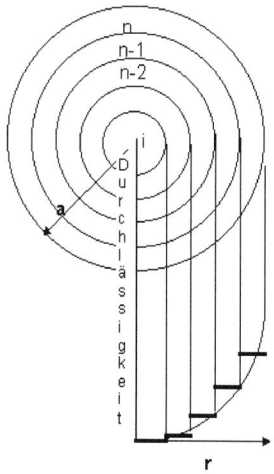

a..........Agglomeratradius
r..........Radiale Koordinate
n..........Anzahl der Schalen
i............innerste Schale

Abbildung 14: Schalenmodell eines porösen Agglomerats

Die folgenden Ansätze zeigen mit verschiedenen Genauigkeiten, Gültigkeiten bezüglich der Re-Zahlbereiche und Randbedingungen Möglichkeiten auf, die Durchlässigkeit für den Einsatz in den Gleichungen von **STOKES, DARCY** und **BRINKMAN** zu berechnen. Als Grundlage werden die Agglomerate u.a. durch eine dimensionslose fraktale Größenordnung D charakterisiert. Diese beinhaltet eine sich über den Radius ändernde Durchlässigkeit bzw. Porosität, die Feststoffkonzentration und die Anzahl der Partikel mit einem bestimmten Radius im Agglomerat. Der Zusammenhang zwischen der fraktalen Dimension und den genannten Größen ist durch die folgenden Gleichungen 32 bis 34 gegeben:

$$N(r) = \left(\frac{r}{a_P}\right)^D$$ Gleichung 32

$$\rho(r) = \left(\frac{a_P}{r}\right)^D \cdot N(r)$$ Gleichung 33

$$\varepsilon(r) = 1 - \rho(r)$$ Gleichung 34

Das bedeutet für das Schalenmodell, dass sich mit einem verringerndem Radius (r→0) die fraktale Dimension zum Maximalwert von 3 vergrößert und damit die Porosität

Stand des Wissens zur Beschreibung von Strömungsvorgängen um und durch poröse kugelförmige Körper

immer kleiner wird ($\varepsilon \rightarrow 0$). Als theoretische Grenze für die Porosität wird mit 0,26 die der dichtesten Kugelpackung angegeben.

3.1.1 Das DILUTE LIMITE MODEL [30]

Dieses Modell wird auch Modell der begrenzten Verdünnung genannt und gilt unter der Annahme, dass die hydrodynamischen Wechselwirkungen der Partikel im Agglomerat im hochporösen Bereich ($\varepsilon > 0,9$) vernachlässigt werden können [30]. Die Widerstandskraft auf das Agglomerat wird nach **STOKES** berechnet und die Durchlässigkeit K durch Ableitung nach **DARCY**:

$$K = \frac{2 \cdot a_P}{9 \cdot \rho}$$ Gleichung 35

3.1.2 HAPPEL'sches Modell [30]

Von **HAPPEL** wurde ein Kugel-in-Zelle-Modell vorgeschlagen. Bei dieser Modellvorstellung sind die Partikel von einer gedachten Fluidhülle umgeben, die genau so dick ist, dass die Porosität insgesamt der des zu betrachtenden Mediums entspricht. Die Strömung um die Partikel wird als schleichend angenommen. Die einfache Handhabung macht es zu einem häufig angewendeten Modell unter den Voraussetzungen, dass keine Unebenheiten auf den Partikeloberflächen existieren und die tangentialen Schubspannungen an deren Oberflächen Null sind.
Die Durchlässigkeit ergibt sich mit dem dimensionslosen Parameter γ zu:

$$K = \frac{2 \cdot a_P^2}{9 \cdot \gamma} \cdot \frac{3 - 4,5 \cdot \gamma + 4,5 \cdot \gamma^5 - 3 \cdot \gamma^6}{3 + 2 \cdot \gamma^5}$$ Gleichung 36

$$\gamma = \rho^{\left(\frac{1}{3}\right)}$$ Gleichung 37

Ein großer Vorteil des **HAPPEL**-Modells ist seine einfache Handhabung und auch das erweiterte Modell von **NEALE** und **NADER** liefert ähnliche Ergebnisse.

3.1.3 Das KOZENY-CARMAN Modell [30]

Das Modell ist halbempirisch (Verwendung einer Konstante C, die von der Geometrie der Partikel abhängt und experimentell bestimmt werden muss) und verwendet zur Durchlässigkeitsberechnung die Porosität und einen hydraulischen Radius m für die Poren. Es ist für Porositäten unter 0,5 gültig, wobei für den Bereich von $\varepsilon \approx 0,5$ die Konstante $C \approx 5$ angegeben wird:

$$K = \frac{\varepsilon \cdot m^2}{C}$$
Gleichung 38

$$m = \frac{V_P}{A_{O,P}}$$
Gleichung 39

3.1.4 HOWELLS, HINCH, KIM, RUSSEL's Modell [30]

Bei diesem Modell werden die hydrodynamischen Wechselwirkungen paarweise addiert:

$$K = \frac{2}{9}\frac{a_P^2}{\rho}\left(1 + \frac{3}{\sqrt{2}}\rho^{1/2} + \frac{135}{64}\rho \ln\rho + 16.456\rho + ...\right)$$
Gleichung 40

3.2 Modelle zur Durchströmung von Festbetten aus porösen Partikeln

Im Folgenden werden zwei Näherungsmodelle zur Beschreibung des Strömungsfeldes einer porösen Kugel in einer Schüttung dargestellt.

3.2.1 Das Schwarm-Modell [28]

Das Schwarm-Modell beschreibt ein kugelförmiges, poröses Partikel mit einer inneren Durchlässigkeit k_i (siehe Abbildung 15). Die Durchlässigkeit k_e der Umgebung des Partikels ist von k_i verschieden und entspricht der Durchlässigkeit der umgebenden Matrix (des Festbettes oder der Schüttschicht). Der Strömungswiderstand in der Kugel ist für $k_i < k_e$ größer als außerhalb. Die Strömungsgeschwindigkeiten demzufolge umgekehrt.

Stand des Wissens zur Beschreibung von Strömungsvorgängen um und durch poröse kugelförmige Körper

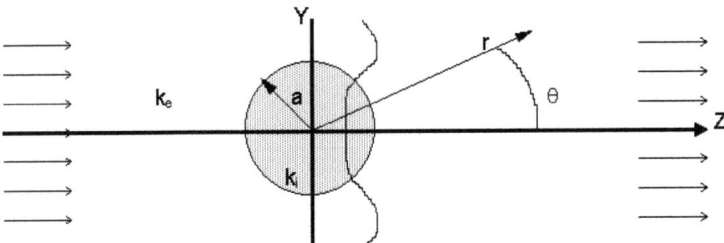

Abbildung 15: Schematische Darstellung des Schwarm-Modells

3.2.2 Das Zellen-Modell [28]

Beim Zellen-Modell werden poröse Partikel mit dem Radius a in einer Hülle mit dem Radius b betrachtet (siehe Abbildung 16). Dabei besteht die Hülle nur aus umgebendem Strömungsmedium. Das Verhältnis a/b ist dabei so gewählt, dass die Porosität der Zelle (Partikel + Hülle) der Porosität der Schüttung entspricht. Das Verhältnis der Radien (λ) entspricht dem Quotienten aus a und b.

Dann kann a/b auch als $\lambda=(1-\varepsilon_e)^{1/3}$ formuliert werden, mit ε_e als Porosität der Schüttung. Für die Berechnung im Inneren der porösen Kugel wird die **BRINKMAN**-Gleichung und in der umhüllenden Schicht die Gleichung nach **STOKES** verwendet.

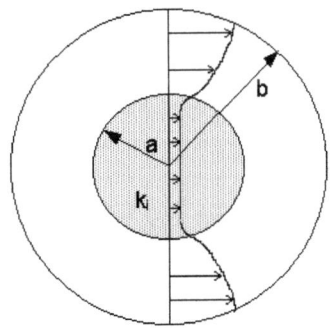

a.........Radius der porösen Kugel
b.........Radius der Hülle
k_i.........innere Durchlässigkeit

Abbildung 16: Schematische Darstellung des Zellen-Modells

4 MATERIAL UND METHODEN

4.1 Verwendete Agglomeratstrukturen

In diesem Kapitel werden die Herstellungsmethoden für die verschiedenen Agglomeratstrukturen, die in dieser Arbeit verwendete Nomenklatur sowie charakteristische Eigenschaften und Besonderheiten der Agglomeratstrukturen beschrieben.

4.1.1 Herstellung

Die Herstellung der verschiedenen Agglomeratstrukturen erfolgte in Abhängigkeit vom verwendeten Material der Primärpartikel, deren Durchmesser, Anzahl und Anordnung im Raum. Damit waren teilweise unterschiedliche herstellungstechnische Anforderungen verbunden. Als Primärpartikelform wurden ausschließlich Kugeln verwendet.

Im Folgenden wird näher auf die verschiedenen Herstellungsvarianten eingegangen, wobei keine vollständige Aufschlüsselung stattfinden soll, welches Verfahren bei welchem Agglomerat angewendet wurde. Falls das für die Interpretation von Messergebnissen relevant sein sollte, wird an entsprechender Stelle näher im Text darauf eingegangen.

Die Auswahl des Materials richtete sich unter Berücksichtigung der Einstellung bestimmter Re-Zahl-Bereiche für die Sedimentationsuntersuchungen nach der Dichte bzw. dem Dichteunterschied zum Strömungsmedium. Als Strömungsmedien wurden Wasser, Glycerin und eine 85-volumenprozentige Glycerin-Wasser-Abmischung verwendet. So ließen sich, ausgehend von den Sedimentationsgeschwindigkeiten von Vollkugeln entsprechender Größe, die Sedimentationsgeschwindigkeiten für die Agglomerate im Bereich der schleichenden Umströmung bis in den turbulenten Bereich abschätzen. Nach Berücksichtigung der Kosten und der, was Sphärizität und Genauigkeit des Durchmessers betreffenden, Verfügbarkeit wurde sich für Stahl und die Kunststoffe PA (Polyamid), POM (Polyoxymethylen) sowie PVC (Polyvinylchlorid) entschieden.

Zur Auswahl der Agglomerat- und Primärkugelgröße wurden zunächst mittels Auto CAD-Programm definierte Agglomeratstrukturen im dreidimensionalen Maßstab konstruiert [19]. Dadurch war es möglich, verschiedene räumliche Anordnungen zu gestalten, die entstehenden Agglomeratgrößen (z.B. in Form des umhüllenden

Kugeldurchmessers) vorherzusagen und eine räumliche Vorstellung vom Probekörper und der Herangehensweise bei der Herstellung zu bekommen (siehe Abbildung 17). Die endgültige Agglomeratgröße sollte mit dem Faktor 16,4 multipliziert [19] den Innendurchmesser der Sedimentationssäule nicht übersteigen, weil dann für nichtporöse Körper der Wandeinfluss zum Tragen kommt.

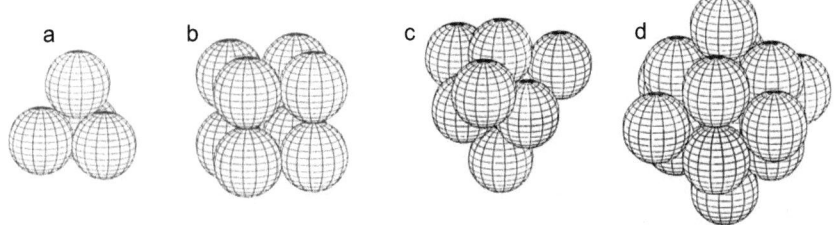

Abbildung 17: Computersimulierte, einfache Agglomeratstrukturen (a-Tetraeder, b-Würfel, c-zentral belegter Tetraeder, d-zentral belegter Würfel)

Verbunden wurden die Primärkugeln entweder mit handelsüblichen flüssigen Cyanacrylatklebstoff, durch sogen. Kaltverschweißen oder durch Verkleben mittels Schmelzkleber.

Die **Verarbeitung mit flüssigen Cyanacrylatklebstoff** fand nur bei solchen Strukturen statt, bei denen die Primärpartikelanzahl und damit der zeitliche Aufwand der manuellen Arbeiten nicht zu hoch waren. Dies war i. A. der Fall, wenn der Primärpartikeldurchmesser und damit das Gewicht relativ groß waren, die Anzahl der Kontaktstellen gering war und eine andere Verarbeitungsstrategie auch nicht die gewünschte Stabilität brachte. Der Kleber wurde in kleinen Mengen an der Stelle des künftigen Kontaktpunktes aufgebracht und die Primärkugeln in vorgefertigten Passformen strukturabhängig positioniert.

Beim **Kaltschweißverfahren** (siehe Abbildung 18) wurden die Primärkugeln als Zufallspackung in vorgegebener Anzahl in eine mehrteilige Aluminiumhohlform mit gewünschtem umhüllenden Kugeldurchmesser gegeben. Ein Dorn, der ein Stück in das Innere der Form hineinragte, verhinderte die Belegung der Auslassöffnung mit einer Primärkugel ohne die Packungsdichte insgesamt zu verändern. Nun wurde der gesamte Inhalt der Hohlform mit einem geeigneten Lösungsmittel geflutet. Im Fall von PVC-Kugeln war dies eine Abmischung von Dichlormethan und Aceton im Verhältnis 1:6 für eine Dauer von 50 Sekunden. Dadurch wurden die Oberflächen der Primärkugeln angelöst und an den Kontaktstellen miteinander „verschweißt". Anschließend wurde die Unterplatte mit dem Dorn entfernt und das Lösungsmittel mit Druckluft ca. 1,5 Minuten ausgeblasen und die Agglomerate getrocknet. Danach konnte die Verschraubung gelöst, der obere Teil der Form entfernt und die Agglomerate entnommen werden. Zur Reinigung wurden die Strukturen 10 Sekunden in purem Aceton gespült, um eventuell anhaftende Verunreinigungen oder Kunststoffreste zu entfernen und die Zwickel auf ein für die Stabilität ausreichendes Mindestmaß zu reduzieren und den Porenraum weitestgehend offen zu halten (siehe Abbildung 18).

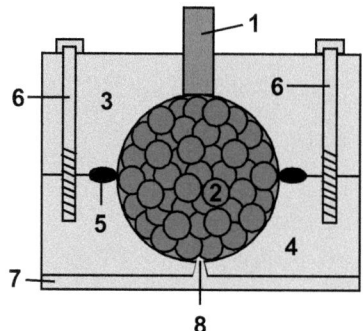

1 - Einlassstutzen
2 - Primärkugeln
3 - Oberteil der kugeligen Hohlform
4 - Unterteil
5 - Dichtungsring
6 - Verschraubung
7 - Unterplatte mit zentralem Dorn
8 - Auslassöffnung

Abbildung 18: Schematische Darstellung des Schnittbildes der Herstellungsform beim Kaltschweißverfahren

Zur Verarbeitung der POM-Kugeln wurde das Lösungsmittel Hexaflouraceton Sesquihydrat für 10 Sekunden einwirken gelassen und ebenfalls mit Aceton gespült.

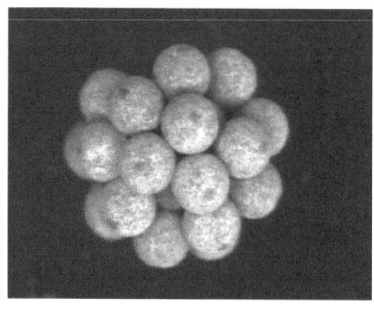

Abbildung 19: Primäragglomerat mit einem umhüllenden Kugeldurchmesser von 8 mm, bestehend aus 32 POM-Kugeln mit 2 mm Durchmesser

Bei der Herstellung der zweiten Stufe der Fraktalagglomerate wurde bei beiden Materialien die gleiche Vorgehensweise gewählt wie für die Herstellung der Primärstrukturen.

Material und Methoden

Es musste nur verstärkt darauf geachtet werden, dass sich die Unterstrukturen nicht wieder auflösen und zerfallen. In Abbildung 20 ist exemplarisch dargestellt, wie aus 32 Primärkugeln jeweils ein Primäragglomerat gefertigt wurde und aus wiederum 32 Primäragglomeraten das Fraktalagglomerat (oder Sekundäragglomerat) entstand.

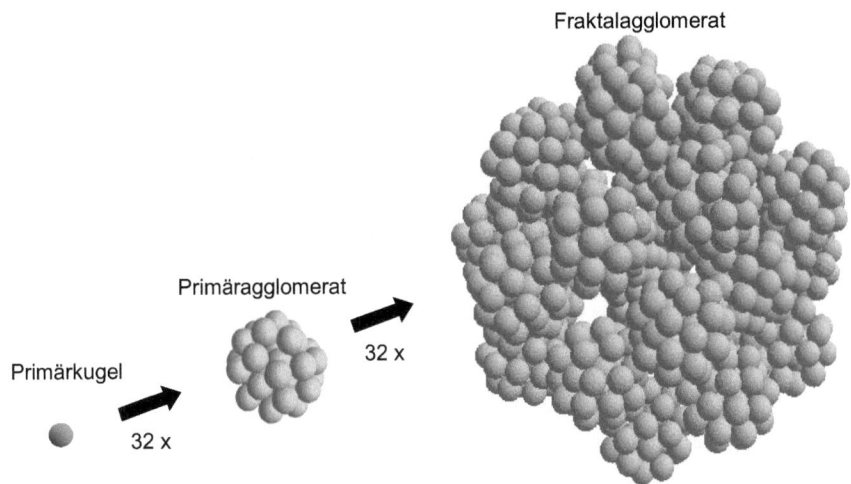

Abbildung 20: Schematische Darstellung der Herstellung eines zweistufigen Fraktalagglomerates

Eine andere Herstellungsmethode war das **Verbinden mittels Schmelzkleber** (Handelsname: *MIRAMELT 352*), dessen Hauptbestandteile Ethylenvinylacetat und Kolophoniumester sind [52]. Dieser wurde auf eine max. Korngröße von 200µm gemahlen und in Dimethylformamid (DMF) gelöst. Die Lösung aus 1,5g Kleber und 200ml DMF musste vor der Verwendung 10 Stunden bei 70°C gerührt werden. Danach wurde die Schmelzkleberlösung über die auf einem Sieb liegenden Primärkugeln gegossen und mit Warmluft getrocknet. Diese Prozedur wurde zehn Mal wiederholt, danach die beschichteten Kugeln in die entsprechende Hohlform gegeben und im Trockenschrank 10 Stunden bei 165°C verklebt. Um ein Anhaften der Kugeln an der Hohlformwand zu vermeiden, wurde diese vorher eingeölt. Bei dieser Vorgehensweise wurde eine ausreichende mechanische Stabilität der Agglomerate bei minimaler Zwickelbildung erreicht.

Material und Methoden

Zur Ermittlung des Durchströmungsverhaltens ist es sinnvoll, durchströmbare Strukturen direkt mit nicht durchströmbaren zu vergleichen. Um eine Durchströmung zu verhindern wurden die entsprechenden Porenräume der Agglomerate entweder voll ausgefüllt oder nur die relevanten Poren verschlossen. Für das Ausfüllen kam wegen der einfachen Handhabbarkeit und problemlosen Beschaffung Paraffin zur Anwendung. Durch Erwärmung konnten verschiedene Viskositäten und verschiedene Erstarrungszeiten eingestellt werden. Im erstarrten Zustand ist bei diesem Material eine mechanische Nachbearbeitung zum Herausarbeiten der Oberflächenstruktur leicht möglich. Weiterhin konnten einzelne Teile des Agglomerates gezielt mittels örtlich begrenzter Wärmequellen (Heißluftpistole) bearbeitet werden.

Bei einigen Agglomeraten wurde die Durchströmung durch das Aufbringen eines festen Häutchens aus Zelluloseacetats verhindert. Dazu wurde eine Gießlösung aus Zelluloseacetat und Aceton hergestellt, die mittels einer Pipette in die jeweilige Pore getropft wurde und nach dem Verdunsten des Acetons eine feste Haut bildete.

Um die Gesamtdichte eines Agglomerates zu verändern wurde in einigen Fällen das Primärkugelmaterial an bestimmten Positionen durch ein Material anderer Dichte ersetzt. Beispielsweise konnte die Gesamtdichte und damit die Sedimentationsgeschwindigkeit der Fraktalagglomerate gezielt erhöht werden, indem Stahlkugeln mit dem gleichen Primärkugeldurchmesser anstatt PVC oder POM eingearbeitet wurde. Bei mit Wachs gefüllten Strukturen erfolgte das durch einfaches Einbetten in die Matrix, bei offenen Strukturen wurden geringe Mengen an Cyanacrylatklebstoff eingesetzt.

4.1.2 Nomenklatur der untersuchten Agglomeratstrukturen

In diesem Kapitel werden alle untersuchten Agglomeratstrukturen beschrieben. Zur eindeutigen Unterscheidung und um eine wiederholte langwierige Beschreibung im folgenden Text zu vermeiden, wird eine gesonderte Nomenklatur aufgeführt. Die Angabe des Namens erfolgt dabei in dieser Arbeit immer nach folgendem Schema:

$$a_b bc - d - e - f + g - h$$

a   Strukturbezeichnung   F: Fraktalagglomerat (siehe Abbildung 20, rechts)
                                                    K: Kugelagglomerat (siehe Abbildung 20, Mitte)
                                                    T: Tetraeder (siehe Abb. 17a)

Material und Methoden

		$_b$:	Indize b für belegte Struktur
		V:	Vollkugel
		W:	Würfel (siehe Abbildung 17b)
b	Probekörpermaterial	A:	PA
		O:	POM
		V:	PVC
		S:	Stahl
c	Umhüllender Kugeldurchmesser [mm]		
d	Primärkugeldurchmesser [mm]		
e	Primärkugelanzahl [Stück]		
f	Füllgrad	o:	offener Porenraum
		t:	bei fraktalen Strukturen ist der Porenraum der Primäragglomerate verschlossen; nur die Oberflächenstruktur bleibt erhalten
		g:	der Porenraum der gesamten Agglomeratstruktur ist verschlossen; nur die Oberflächenstruktur bleibt erhalten
g	Anzahl der eingebauten Stahlkugeln [Stück]		
h	Nummerierung der Probekörper (1...n)		

Beispiel:	FV16-2-196-h+5-1 ist ein zweistufiges Fraktalagglomerat mit einem umhüllenden Kugeldurchmesser von 16 mm; einem Primärkugeldurchmesser von 2 mm; einer Primärkugelanzahl von 196; bei dem der Porenraum innerhalb der Primäragglomeratstrukturen verschlossen ist, der Porenraum zwischen den Primäragglomeraten offen ist; fünf der 196 Primärkugeln aus PVC durch Stahlkugeln ersetzt wurden und das als Probekörper 1 deklariert ist

Die Namensangabe erfolgt in oben aufgeführter vollständiger Form nur wenn dazu die Notwendigkeit besteht. Das gilt für das Indize b und die Positionen g und h bei Agglomeraten. Bei Vollkugeln ist die Angabe der Positionen a, b und c für eine eindeutige Beschreibung im Sinne dieser Arbeit ausreichend. Bei den regelmäßigen Würfel- und Tetraederstrukturen wurde die Angabe der Position c nicht als sinnvoll erachtet und deshalb weggelassen.

Material und Methoden

Die Angabe des umhüllenden Kugeldurchmessers bezieht sich vorerst immer auf den Durchmesser der Aluminium-Hohlform, in der die Agglomerate gefertigt wurden. Spätere Überprüfungen zeigten, dass es teilweise zu herstellungsbedingten Größenänderungen kam, die erst in der Auswertung mit berücksichtigt wurden. Der Wert unter der Position c kann folglich u.U. von $d_{u,g}$ abweichen.

In den verschiedenen experimentellen Untersuchungen wurden folgende Agglomeratstrukturen und Vollkugeln verwendet:

Vollkugeln: VAi (i=3;6;9;10;12;14;18;24)
VVi (i=8;10;12;18;24;27;30;32)
VOi (i=6;7,5;8;9;10;12;14;16;18;24;28;29;30;32)
VSi (i=2;6;7,5;8;10;12;14;16;18;20;25;28;30)

Kugelagglomerate: KV8-2-32-o; KV8-2-32-g; KV10-2-66-o; KV18-2-436;
KV30-2-2198; KV32-2-2709
KV6-2-14-o; KV6-2-14-g
KO6-1,5-30-o; KO6-1,5-30-g

Fraktalagglomerate: FV28-2-1024-o; FV28-2-1024-t; FV28-2-1024-g;
FV14-2-196-o; FV14-2-196-t; FV14-2-196-g;
FO21-1,5-900-o; FO21-1,5-900-t; FO21-1,5-900-g

Regelmäßige Agglomeratstrukturen:

Würfelstrukturen	Tetraederstrukturen
WO-i-8-o (i=2;3;6;8)	TO-i-4-o (i=2;3;6;8)
W(b)O-i-14-o (i=2;3;6;8)	T(b)O-i-8-o (i=2;3;6;8)
WO-i-8-g (i=2;3;6;9)	TO-i-4-g (i=2;3;6;8;9)
W(b)O-i-14-g (i=2;3;6;8;9)	T(b)O-i-8-g (i=2;3;6;8;9)
WA-i-8-o (i=2;3;6;8)	TA-i-4-o (i=2;3;6;8)
W(b)A-i-14-o (i=2;3;6;8)	T(b)A-i-8-o (i=2;3;6;8)
WA-i-8-g (i=2;3;6;9)	TA-i-4-g (i=2;3;6;8;9)
W(b)A-i-14-g (i=2;3;6;8;9)	T(b)A-i-8-g (i=3;6;8;9)

Material und Methoden

4.1.3 Charakterisierung der Agglomeratstrukturen

Um die in dieser Arbeit untersuchten Agglomeratstrukturen eindeutig und möglichst vollständig zu charakterisieren wurden zunächst folgende primär zugängliche geometrische Daten und Stoffeigenschaften mit den dazugehörigen Einheiten zusammengetragen:

- Durchmesser der kugeligen Herstellungsform d_F [m] bzw. der umhüllende ideale Agglomeratdurchmesser $d_{u,i}$ [m]
- Durchmesser der Primärpartikel d_{PP} [m]
- Anzahl der Primärpartikel n_{PP} [Stück]
- Umhüllender gemessener Agglomeratdurchmesser $d_{u,g}$ [m]
- Feststoffdichte des Agglomerates ρ_{fs} [kg/m³]
- Stufenzahl des fraktalen Agglomerates S [/]

Aus diesen können eine Reihe anderer charakteristischer Größen für die Agglomeratstrukturen abgeleitet werden:

- Feststoffvolumen der Agglomerate V_{fs} [m³]
- Berechneter projektionsflächenäquivalenter Kugeldurchmesser $d_{j,b}$ [m]
- Feststoffmasse m_{fs} [kg]
- Oberflächenrauhigkeit k [/]
- Berechnete Projektionsfläche [m²]
- Verhältnis vom Agglomeratdurchmesser zum Durchmesser der Primärpartikel VH [/]
- Porosität der Agglomeratstruktur bezüglich der berechneten projektionsflächenäquivalenten Kugel $E_{j,b}$ [%]
- Oberfläche A_O [m²]
- Porosität der Agglomeratstruktur bezüglich der gemessenen umhüllenden Kugel $E_{u,g}$ [%]
- Porosität eines im Sinne dieser Arbeit ideal strukturierten Agglomerates E_i [%]

In Abbildung 21 sind alle Strukturparameter nochmals in einer Übersicht zusammengetragen und durch nummerierte Pfeile die folgenden formelmäßigen Zusammenhänge gekennzeichnet.

Material und Methoden

Das Feststoffvolumen berechnet sich für offene Agglomeratstrukturen aus dem Volumen der verbauten Kugeln (Gleichung 41a) und für geschlossene Agglomerate zuzüglich des Volumens an Wachs (Gleichung 41b):

$$V_{fs} = \frac{\pi}{6} \cdot d_{PP}^3 \cdot n_{PP}$$ Gleichung 41a $$V_{fs} = \frac{\pi}{6} \cdot d_{PP}^3 \cdot n_{PP} + V_{Wa}$$ Gleichung 41b

Eigene Untersuchungen führten zu dem Ergebnis, dass sich der projektionsflächenäquivalente Kugeldurchmesser für Kugelagglomerate hinreichend genau aus dem umhüllenden Durchmesser berechnen lässt:

$$d_{j,b} = d_{u,g} - 0{,}25 \cdot d_{PP}$$ Gleichung 42

Die Masse des Agglomerates kann aus dem Feststoffvolumen und der Dichte des Feststoffes ermittelt werden:

$$m_{fs} = \rho_{fs} \cdot V_{fs}$$ Gleichung 43

wobei bei Strukturen, deren Porenraum mit Wachs verfüllt wurde, beide Feststoffdichten mit berücksichtigt werden müssen.

Wie für eine Kugel kann natürlich die Projektionsfläche einer Agglomeratstruktur aus deren projektionsflächenäquivalenten Kugeldurchmesser berechnet werden bzw. umgekehrt (aus der meist angewendeten Bildanalysetechnik):

$$A_j = \frac{\pi}{4} \cdot d_j^2$$ Gleichung 44

Das Verhältnis aus dem umhüllenden gemessenen Agglomeratdurchmesser und dem Primärkugeldurchmesser wird in Formel 47 zur Beschreibung der Strukturen mit Hilfe des Begriffes der Fraktalität benötigt:

$$VH = d_{u,g} / d_{PP}$$ Gleichung 45

Material und Methoden

Die Porosität des Aggregates bezogen auf die projektionsflächenäquivalente Kugel mit dem Durchmesser, der nach Formel 42 berechnet werden kann, ergibt sich zu:

$$E_{j,b} = \frac{\frac{\pi}{6} \cdot d_{j,b}^{3} - V_{fs}}{\frac{\pi}{6} \cdot d_{j,b}^{3}}$$ Gleichung 46

Die Anzahl der enthaltenen Partikel steht mit dem unter Gleichung 45 berechneten Verhältnis und der fraktalen Dimension in folgendem Verhältnis:

$$n_{PP} = (VH)^{D}$$ bzw. $$D = \frac{ln(n_{PP})}{ln(VH)}$$ Gleichung 47

Die Oberfläche eines nicht mit Wachs verfüllten Agglomerates lässt sich mit Hilfe der Oberfläche der Einzelkugel und deren Anzahl berechnen:

$$A_{O} = N \cdot \pi \cdot d_{PP}^{2}$$ Gleichung 48

Die Porosität (auf die umhüllende Kugel mit dem gemessenen Durchmesser bezogen) ergibt sich äquivalent zur Berechnung nach Formel 46:

$$E_{u,g} = \frac{\frac{\pi}{6} \cdot d_{u,g}^{3} - V_{fs}}{\frac{\pi}{6} \cdot d_{u,g}^{3}}$$ Gleichung 49

Wenn keine herstellungsbedingten Abweichungen vom Idealzustand der Agglomerate zu verzeichnen wären, berechnet sich die Porosität durch:

$$E_{j,b} = \frac{\frac{\pi}{6} \cdot d_{u,i}^{3} - V_{fs}}{\frac{\pi}{6} \cdot d_{u,i}^{3}}$$ Gleichung 50

Im Fall der Kugelagglomerate entspricht die Anzahl der verbauten Primärpartikel der Gesamtanzahl (siehe Gleichung 51a).

Material und Methoden

Eine Unterscheidung gemäß Gleichung 51b ergibt sich für die fraktal aufgebauten Agglomerate, da hier eine zusätzliche Beschreibung durch die Stufenanzahl nötig wird:

$$N = n_{PP}$$ Gleichung 51a $$\qquad N = n_{PP}^{\,S}$$ Gleichung 51b

In diesen Fällen muss Gleichung 47 folgendermaßen angewendet werden:

$$N = (VH)^D$$ Gleichung 52

In der folgenden Abbildung sind die Zusammenhänge der einzelnen Größen noch einmal grafisch dargestellt.

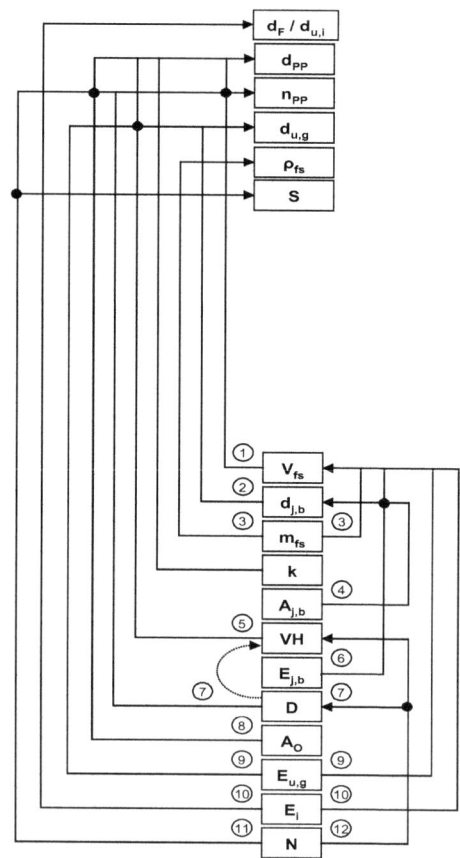

Abbildung 21: Übersicht relevanter Größen zur Beschreibung der Struktur von Agglomeraten

Material und Methoden

Wie bereits im Kapitel 4.1.2 erwähnt, kam es herstellungsbedingt bei den PVC-Agglomeratstrukturen zu scheinbaren Schrumpfungserscheinungen. Eine Überprüfung des umhüllenden Durchmessers ergab einen geringeren Wert als den Durchmesser der Herstellungsform. Ursache dafür ist, dass die Primärkugeln unter der Einwirkung des Lösungsmittels erst in der Form aufquollen und sich während des Trocknungsvorganges wieder zusammen zogen (siehe Abbildung 18). Als Resultat waren keine punktförmigen Kontaktstellen zwischen den Primärkugeln zu verzeichnen, sondern abgeflachte Verbindungen zwischen diesen. Zu erklären ist damit auch die niedrigere Porosität als sie mit der dichtesten Kugelpackung von ca. 26% erreichbar wäre.

Für die fraktalen Agglomerate kommt beim Zusammenfügen der zweiten Stufe ein Verzahnungseffekt hinzu, da die Primäragglomerate bei ihrer Verbindung etwas ineinander hineinragen.

Diese Effekte müssen im Vergleich zu ideal aufgebauten Agglomeraten strukturell berücksichtigt und beschrieben werden. Dazu wurden die entsprechenden Parameter, wie z.B. die Porosität (siehe Abbildung 22), für ideal aufgebaute Agglomerate ermittelt. Weiterhin kann in diesen Darstellungen die bewusste Variation der Primärpartikelanzahl für einen umhüllenden Durchmesser anschaulich dargestellt werden.

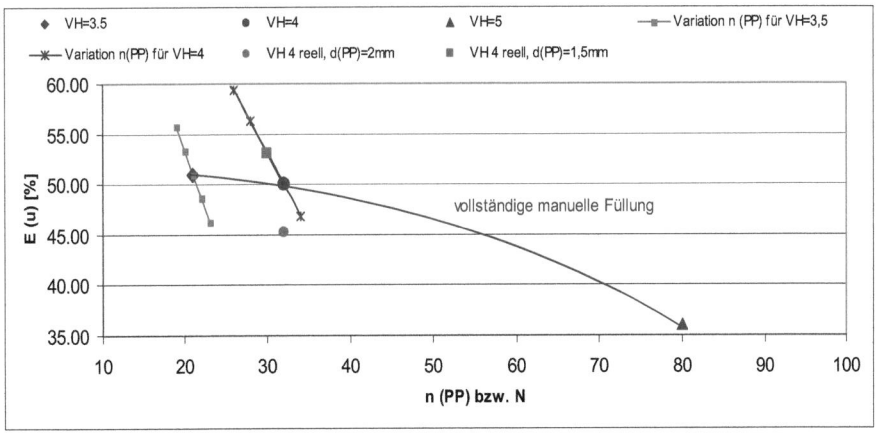

Abbildung 22: Die Abhängigkeit der Porosität (bezogen auf den umhüllenden Durchmesser) von der Primärpartikelanzahl für ideal aufgebaute Kugelagglomerate bzw. die erste Stufe der Fraktalagglomerate und reale Strukturen

Material und Methoden

Die blaue Linie stellt die Verbindung zwischen verschiedenen Verhältnissen VH=3,5/4/5 und den daraus resultierenden Porositäten in Abhängigkeit von den Primärkugelanzahlen dar. Diese Verhältnisse müssten sich ergeben, wenn bei gleichmäßiger und vollständiger manueller Füllung der Herstellungsform keine Verformung der Primärkugeln stattgefunden hätte. Die grüne und lila Linie stellen die Variation der Primärkugelanzahl dar.

Der rot und rund gekennzeichnete Wert zeigt deutlich die senkrechte Abweichung des PVC-Agglomerates aus 32 2mm-Primärkugeln, das in einer 8mm-Form hergestellt wurde. Der umhüllende Durchmesser war nach der Herstellung nur noch 7,76mm, was mit einer Porositätsverringerung von ca. 50% auf ca. 45% verbunden ist. Der rot und quadratisch gekennzeichnete Wert gilt für das aus POM und nur 30 1,5mm-Primärkugeln hergestellte Agglomerat dar, bei dem keine Verformung der Primärkugeln zu verzeichnen war.

Für die Kugelagglomerate wurden Regressionen für eine funktionale Beschreibung der Abhängigkeit der Porosität von dem entsprechenden Durchmesser durchgeführt und sind in den Abbildungen 23a und 23b grafisch dargestellt.

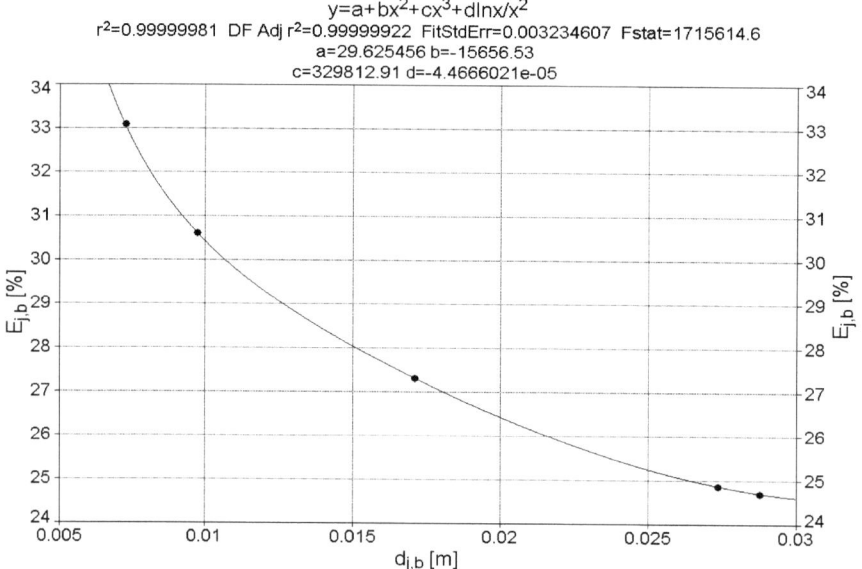

Abbildung 23a: Porosität der Kugelagglomerate auf den projektionsflächenäquivalenten Kugeldurchmesser bezogen

Material und Methoden

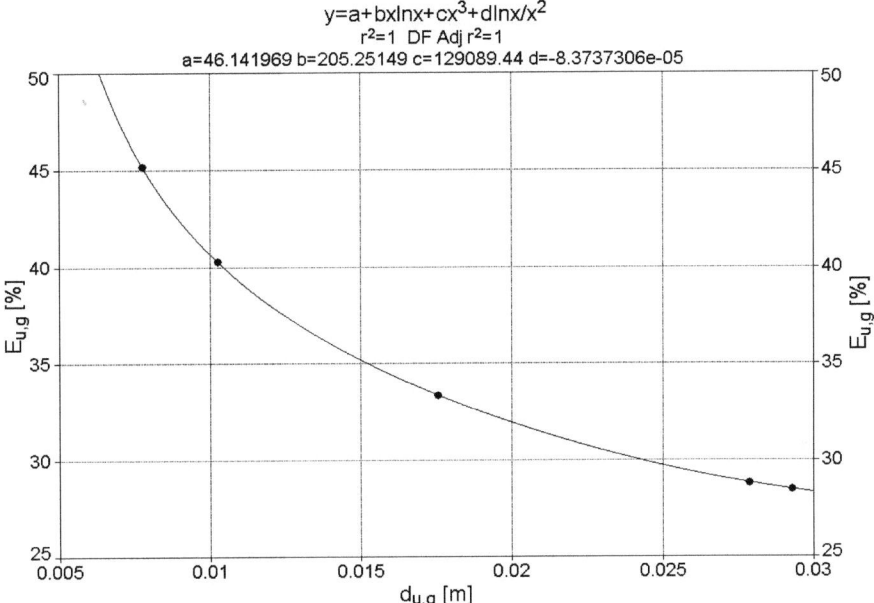

Abbildung 23b: Porosität der Kugelagglomerate auf den umhüllenden Kugeldurchmesser bezogen

Die Gleichungen und Zahlenwerte der Koeffizienten für die Abhängigkeiten sind in den Diagrammüberschriften enthalten. Auch das Bestimmtheitsmaß ist zur Beurteilung der Qualität mit angegeben.

Um auch einen rechnerischen Zusammenhang zwischen der Projektionsfläche und der Primärpartikelanzahl zu erhalten (vergleiche Gleichung 53), wurden die ermittelten Werte für die offenen Kugelagglomerate im folgenden Diagramm funktionell dargestellt.

$$\boxed{A_j = 5{,}52 + 1{,}77 \cdot 10^{-6} \cdot N^{0,5} \cdot ln(N)}$$ Gleichung 53

Material und Methoden

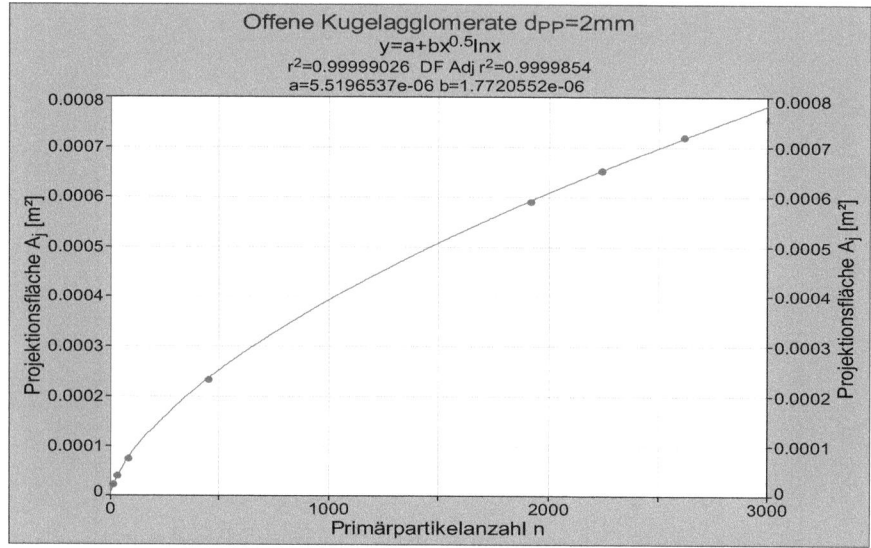

Abbildung 24: Abhängigkeit der Projektionsfläche von der Primärpartikelanzahl für die offenen Kugelagglomerate mit einem Primärpartikeldurchmesser von 2 mm

Auch für die zweistufigen Fraktalagglomerate kann eine Abhängigkeit der Gesamtgröße bzw. der Projektionsfläche von der Primärpartikelanzahl und zusätzlich von der Primärpartikelgröße angegeben werden. Diese geometrischen Größen sind noch einmal in der folgenden Tabelle aufgeführt.

	A_j [m²]	N	d_{pp} [mm]
FO32-2-1296	7.15E-04	1296	2
FV28-2-1024-o	5.08E-04	1024	2
FV16-2-196-o	1.65E-04	196	2
FO21-1,5-900-t	2.92E-04	900	1.5

Tabelle 1: Projektionsflächen, Primärpartikeldurchmesser und -größe der zweistufigen Fraktalagglomerate

In Abbildung 25 ist die Regressionsebene zu sehen und die dazu zugehörige Gleichung zur Berechnung der Projektionsfläche abzulesen.

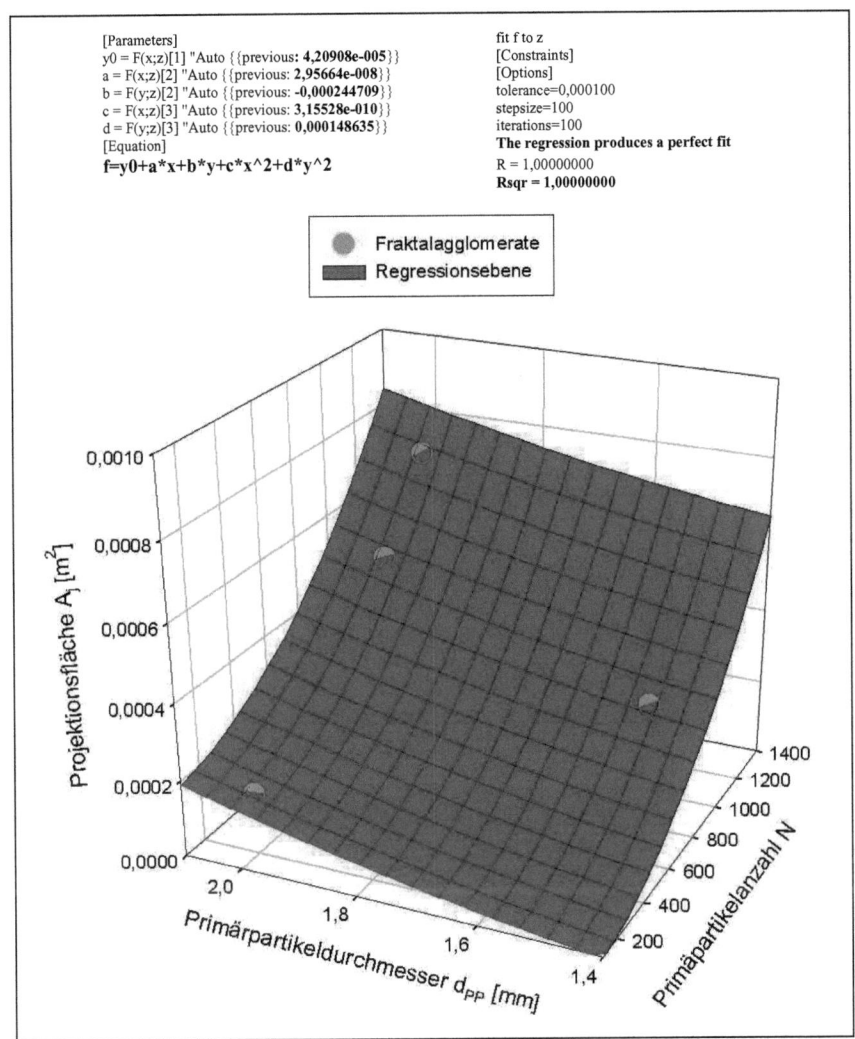

Abbildung 25: Abhängigkeit der Projektionsfläche von der Primärpartikelanzahl und des Primärpartikeldurchmessers für die zweistufigen Fraktalagglomerate

Für die spätere Modellierung der Agglomeratstrukturen ist es nicht nur notwendig, diese selbst geometrisch zu beschreiben, sondern auch die sich ergebende Porenstruktur. Die Inhomogenitäten der festen Struktur, die sich aus dem Aufbau ergeben, betreffen natürlich auch die Porenstruktur. Zu ihrer Beschreibung wurden zunächst Ein- und Ausgangsbereiche in die Porenstruktur an verschiedenen Agglomeraten ausgezählt.

Material und Methoden

Dieser Vorgang fand ohne technische Hilfsmittel unter stark subjektivem Einfluss statt, da genauere Aussagen mit entsprechender statistischer Absicherung einen enormen und unverhältnismäßig hohen geometrischen Herleitungs-, Rechen- und somit Zeitaufwand bedeutet hätten. In Abbildung 26 ist zur Verdeutlichung der Schwierigkeiten noch einmal ein Agglomerat dargestellt. Für auszugsweise reguläre Anordnungen (siehe den mit Pfeil a gekennzeichneten Bereich) ist die Auswahl und die Größe eindeutig bestimmt, während z.B. der mit b gekennzeichnete Bereich sehr schwer in Auswahl und seiner geometrischen Interpretation zu beurteilen ist. Dieser Effekt tritt um so stärker auf, umso geringer die Primärpartikelanzahl ist.

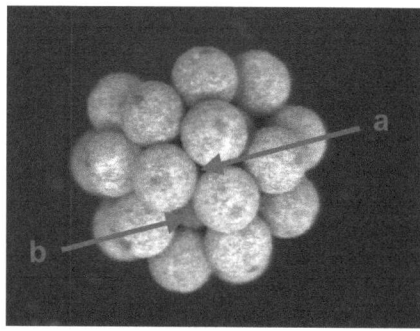

Abbildung 26: Agglomerat KO8-2-32-o

Auf Grund des Abschätzungscharakters wurde auf eine Darstellung der zahlreichen Auszählungsergebnisse von zwei Personen für eine große Anzahl von Agglomeratstrukturen an dieser Stelle verzichtet. Als Ergebnis kristallisierte sich aber annähernd folgende offensichtlich allgemein gültige Regel heraus; die Anzahl der Ein- bzw. Ausgangsbereiche beträgt im Durchschnitt der Primärpartikelanzahl. Für die im Kapitel 6 beschriebene Modellierung wird weiterhin unterstellt, dass damit die Anzahl der Poren der Hälfte der Primärpartikelzahl entspricht. Diese sind dann über den angeströmten Querschnitt gleich zu verteilen.

Da die Vorgehensweise bei der Herstellung der Agglomerate prinzipiell immer die Gleiche war kann diese Regel auch auf die Fraktale der zweiten Stufe angewendet werden. Das heißt, die grobe Porenstruktur weist, gemäß der geometrischen Selbstähnlichkeit, im Mittel die gleiche Anzahl und Verteilung auf wie die feine Porenstruktur.

Der Durchmesser der Poren wurde auf Grundlage des in Abbildung 27 dargestellten Ansatzes abgeschätzt. Hier ist die reguläre und dichteste Anordnung für drei

Material und Methoden

benachbarte Primärkugeln der Agglomeratoberfläche schematisch dargestellt. Daraus ergibt sich die engste mögliche Pore. Ihr flächenäquivalenter Durchmesser ist berechenbar, indem man die Mittelpunkte der drei Kugeln zu einem gleichseitigen Dreieck verbindet, welches jeweils ein Sechstel der Kugel ausschneidet. Dann wird die Hälfte einer Primärkugelfläche von diesem Dreieck mit der Seitenlänge eines Kugeldurchmessers abgezogen, diese Restfläche als Kreis angenommen und dessen Durchmesser errechnet.

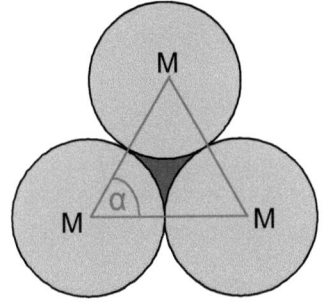

Abbildung 27: Schema zur Berechnung des Porendurchmessers

Für Kugeln des Durchmessers 2mm errechnet man so einen minimalen Porendurchmesser von ca. 0,74mm und für Kugeln des Durchmessers 8mm einen von ca. 2,96mm.

Verfolgt man eine solche Pore in Richtung des Agglomeratinneren ist es bei irregulären Anordnungen geometrisch gesehen immer der Fall, dass diese sich ausweitet. Je nachdem was man dann als weiteren Porenverlauf definiert wird ein entsprechend größerer Porendurchmesser anzusetzen sein. Im weiteren Verlauf der Auswertung und Modellierung (siehe Kapitel 6) wurde sich, ausgehend von der relativ zuverlässigen Anzahl der Poren, weiterhin an der Porosität der Agglomeratstruktur orientiert und diese zur weiteren Ermittlung des Porendurchmessers herangezogen.

Die Berechnung der Oberfläche eines vollkommen offenen Agglomerates ist über die Summierung der Oberflächen der Primärpartikel möglich.

Sind die Poren mit Wachs gefüllt, wurden zu der Kugeloberfläche mit einem Durchmesser, der dem umhüllenden Kugeldurchmesser minus einem Primärpartikeldurchmesser entspricht, die Flächen für die ausgezählten Kugelkalotten addiert. Daraufhin müssen die, durch die Kugelkalotten ersetzten, Oberflächenteile der

Material und Methoden

Kugel subtrahiert werden. In der nachfolgenden Abbildung ist ein mit Wachs (rot) ausgefülltes Agglomerat schematisch dargestellt.

Die Füllung des Wachses wurde weitestgehend so realisiert, dass nur noch halbe Primärkugeln aus der Füllung herausragten.

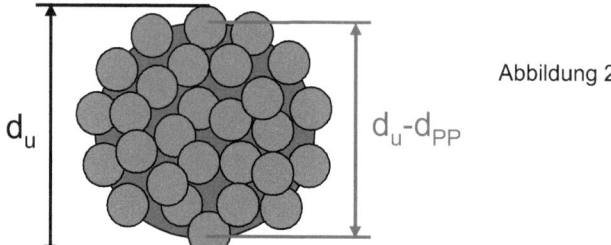

Abbildung 28: Schematische Darstellung eines gefüllten Agglomerates

Die Anzahl der Kugelkalotten an der Agglomeratoberfläche wurde durch Auszählen zu 27 für das Agglomerat KV8-2-32-g und zu 28 für das Agglomerat KO8-2-36-g ermittelt [53].

Zur Berechnung der inneren Oberfläche wurden von der gesamten berechneten Oberfläche die Flächen der außen liegenden Kugelkalotten (Halbkugeln) abgezogen.
Im Fall der teilgefüllten Fraktalagglomerate wurde prinzipiell genauso vorgegangen, aber anstelle der Kugelkalotten treten dann gefüllte Agglomeratkalotten.

4.2 Sedimentationsversuche

Die Sedimentationsexperimente wurden an zwei verschiedenen Versuchsständen durchgeführt.

a) Die erste Sedimentationskolonne war 4,50m hoch, mit kreisrundem Querschnitt und 0,40m Innendurchmesser. Zur quantitativen Beschreibung wurde die Sedimentationsgeschwindigkeit über die lineare vertikale Strecke und die von den Messkörpern benötigte Zeit gemessen. Dazu wurden im Abstand von ca. 0.3m von der Säule zwei CC-Videokameras angebracht, die einen Abstand von 1,285m in vertikaler Richtung aufwiesen und exakt in horizontaler Aufnahmerichtung ausgerichtet waren (siehe Abbildung 29). Der Abstand der oberen Kamera von der Fluidoberfläche betrug 1,324m. Die Videobilder wurden auf einen s/w-Monitor übertragen, wobei über einen Data-Switch auf die jeweilige Kamera umgeschaltet werden konnte. Zur Bewegungsmeldung wurden dem

Material und Methoden

Monitorbild vier quadratische Videosensoren (üblicherweise in der Sicherheits- und Alarmtechnik eingesetzt) überlagert. Für die spezielle Aufgabe der Zeitmessung wurden diese seitlich und höhenverstellbaren Quadrate zu einem horizontalen Querbalken zusammengefügt, der sich folglich auf beiden Bildschirmeinstellungen der zwei unterschiedlichen Kameras immer in derselben Position befand. Eine Bewegung im Bildinhalt dieses Balkens führte zur Auslösung eines Signals in Form einer Spannungsänderung. Dieses Signal wurde auf die serielle Schnittstelle eines Computers geleitet und diente als Start- (obere Kameraeinstellung) bzw. Zielwert (untere Kameraeinstellung) der Zeitmessung, welche durch ein auf der Timer-Funktion basierenden Computerprogramm realisiert wurde.

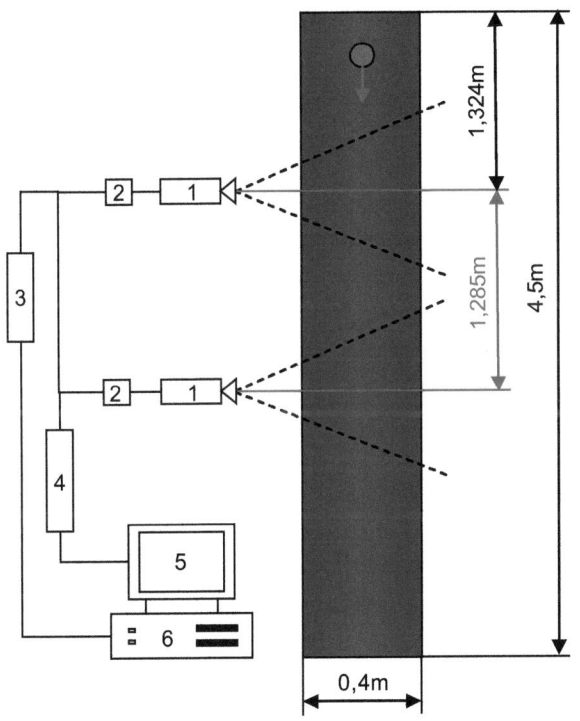

1 - Videokameras
2 - Videosensoren
3 - Anpassungselektronik
4 - Data-Switch
5 - Monitor
6 - Computer

Abbildung 29: Schematische Darstellung des Versuchsstandes 1 zur Sedimentationsmessung

Material und Methoden

b) Des Weiteren wurden Sedimentationsversuche in einer Kolonne mit quadratischem Querschnitt der Kantenlänge 0,4m und einer Höhe von 2,0m durchgeführt. Im Abstand von ca. 5m wurde eine Fernsehkamera *DV Professional GY-DV 550E* der Firma *JVC* mit weitgehend verlustfreier jpg-Komprimierung von 1:5 positioniert. Um eine möglichst kontrastreiche Aufnahme der sedimentierenden Probekörper zu erhalten, wurden auf der der Kamera abgewandten Seite der Kolonne zwei Lichtstrahler zur Ausleuchtung aufgestellt. Eine ebenfalls auf der Rückseite des Beckens angebrachte Diffuser-Folie streute das Licht der punktförmigen Lichtquellen über den gesamten Aufnahmebereich.

Die gewonnenen Videodaten wurden in einem ersten Schritt mit dem Softwareprogramm *AVID*^{TM} digitalisiert und in Schwarz-Weiß-Bilder (oder sogen. Graubilder) umgewandelt. Mit Hilfe des Bildanalysesystems *QUANTIMET 600* von *LEICA* wurde anschließend eine Einzelbildauswertung vorgenommen. Eine eigens für diese Anwendung entwickelte Routine las die Messreihen ein und detektierte für jedes Einzelbild den darauf abgebildeten Probekörper, indem jeder Bildpunkt, der einen bestimmten Grauwert überstieg, als detektiertes Pixel erkannt wurde. Zusammengesetzt ergaben diese Pixel das sedimentierende Objekt, für das nun die Koordinaten in der Einheit Pixel in x-Richtung (horizontale Auslenkung) und y-Richtung (vertikale Ausrichtung) angegeben werden konnten (siehe Abbildung 30). Der Koordinatenursprung befand sich in der linken oberen Ecke des Messrahmens, dessen Position, Höhe und Breite auf an der Säule angebrachte und vermessene Markierungspunkte eingestellt wurde. Somit konnten durch einfache Verhältnisgleichungen die in der Einheit Pixel angegebenen Werte in SI-Einheiten umgerechnet werden. Die Wertepaare für die Koordinaten des Probekörpers wurden automatisch fortlaufend in eine *Excel*-kompatible Datei geschrieben. Für zwei aufeinander folgende Bilder (in Abbildung 30 durch den als roten Punkt mit den Koordinaten X1/Y1 und den als grünen Punkt mit den Koordinaten X2/Y2 detektierten Probekörper) bildete die Differenz der Koordinaten die zurückgelegte Strecke in der betrachteten Messebene. Gemeinsam mit der zugehörigen Zeit, die für zwei aufeinander folgende Bilder immer 0,04s betrug (Bildaufnahmefrequenz der Videokamera: 25 Vollbilder pro Sekunde), konnten die Geschwindigkeiten für jeden Teilabschnitt ermittelt werden. Der arithmetische Mittelwert bildete somit die durchschnittliche

Material und Methoden

Geschwindigkeit des Objektes während der Sedimentation im beobachteten Abschnitt.

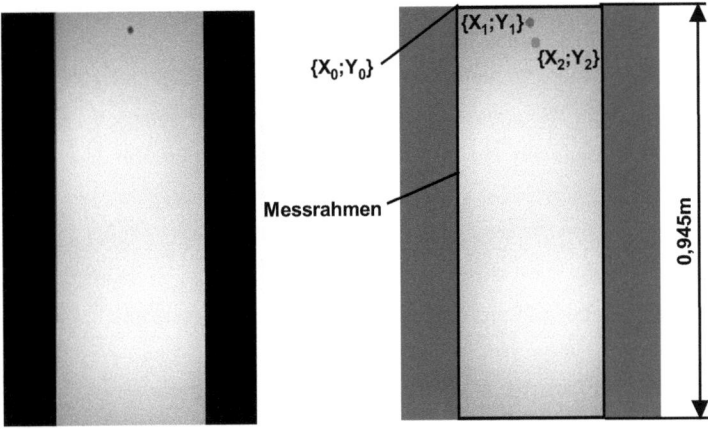

Abbildung 30: Schematische Darstellung der automatisierten Bildauswertung mit **Quantimet 600** von **LEICA**; links: digitalisiertes Graustufenbild, rechts: Detektion der Sedimentationskörper

Ein Nachteil der Detektion in Form von Feature Count Points (FCP) des **LEICA**-Systems war, dass die Angabe des Wertes die Koordinaten angab, welche das letzte vom System detektierte Pixel beschrieb (siehe Abbildung 31).

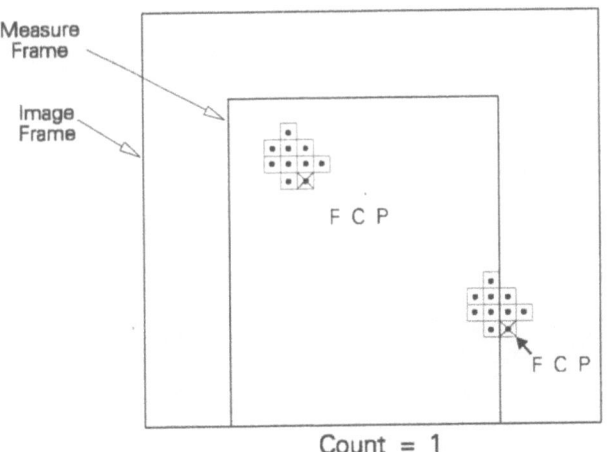

Abbildung 31: Feature Count Points [54]

Material und Methoden

Die Bearbeitung des Inhaltes vom Messrahmen und somit die Formatierung des Grauwertes in ein detektiertes Pixel erfolgte systembedingt von links nach rechts und von oben nach unten. Das heißt, dass von einem Objekt in diesem Fall die Koordinaten des am weitesten unten und rechts gelegenen Pixels angegeben wurden. Da die Mindestgröße für ein zu detektierendes Objekt aber aufgrund der nicht optimalen Ausleuchtung über den gesamten Aufnahmebereich auf lediglich zwei Pixel gestellt werden musste, wurden die Objekte unter Umständen schon beim Eintritt in den Messrahmen detektiert, obwohl sie noch gar nicht vollständig im Messrahmen präsent waren. Ebenso wurden die Objekte an der unteren Begrenzung des Messrahmens noch detektiert, obwohl sie diesen schon zu einem Teil verlassen hatten. Dieser Fehlereinfluss ist bei größeren Objekten stärker, als bei kleineren.

4.3 Anströmversuche an fixierten Agglomeraten

Zur Messung der Widerstandskraft mittels einer Unterflurwaage war es notwendig, die Agglomerate bzw. die Referenzkugeln an einem Faden zu fixieren. Dazu wurde entweder ein 50µm starker Kupferdraht oder handelsübliche Angelsehne mit einem Durchmesser von 100µm verwendet. Um die Messungen möglichst vergleichbar zu gestalten, wurde die Länge des Fadens für die jeweiligen Messserien über die Einstellung von Distanzschlaufen konstant gehalten.

Bei den Kugeln wurde zur Verbindung ein sehr feines Loch gebohrt und der Faden dort mit flüssigem Cyanacrylatklebstoff so befestigt, dass die Kugelform erhalten blieb. Im Fall der Agglomeratstrukturen wurde der Faden in eine der feinen Poren geklebt, ohne die ursprüngliche Oberflächenform zu verändern.

Die Anströmversuche wurden auf drei verschiedene Arten in der in Abbildung 36 dargestellten Kolonne durchgeführt: instationäre Anströmung durch Ablassen des Fluides, stationäre Anströmung von oben und stationäre Anströmung von unten.

a) Anströmversuche mit ablaufendem Strömungsmedium

Die Probekörper wurden jeweils an einem Kupferdraht der Länge 3,5m an der Unterflurmesseinrichtung der Analysenwaage (Anzeigegenauigkeit 0,1mg; Messgenauigkeit: 1mg) angebracht. Die Eintauchlänge des Fadens betrug immer 3,28m, um die Fadenwiderstände für vergleichende Messungen als konstant annehmen zu können. Die Ablaufgeschwindigkeit des Strömungsmediums wurde mittels Membranventil eingestellt und durch Messung der Ablaufzeiten und Ablaufhöhen an der

Material und Methoden

Kolonnenwand ermittelt. Durch Tarierung des Systems im Ruhezustand wurde der Einfluss der Gewichts- und Auftriebskraft auf den Anzeigewert der Waage am Anfang jeder Messung auf null gesetzt. Beim Ablassen des Strömungsmediums stellte die gemessene scheinbare Gewichtserhöhung die Widerstandskräfte von Faden und Probekörper sowie die Auftriebs- und Gewichtsänderung des Fadens dar. Durch gleichzeitiges Öffnen des Ablaufventils und Starten der Gewichts- und Zeitmessung wurden das Geschwindigkeitsprofil und der zugehörige Verlauf der Kräfte erhalten.

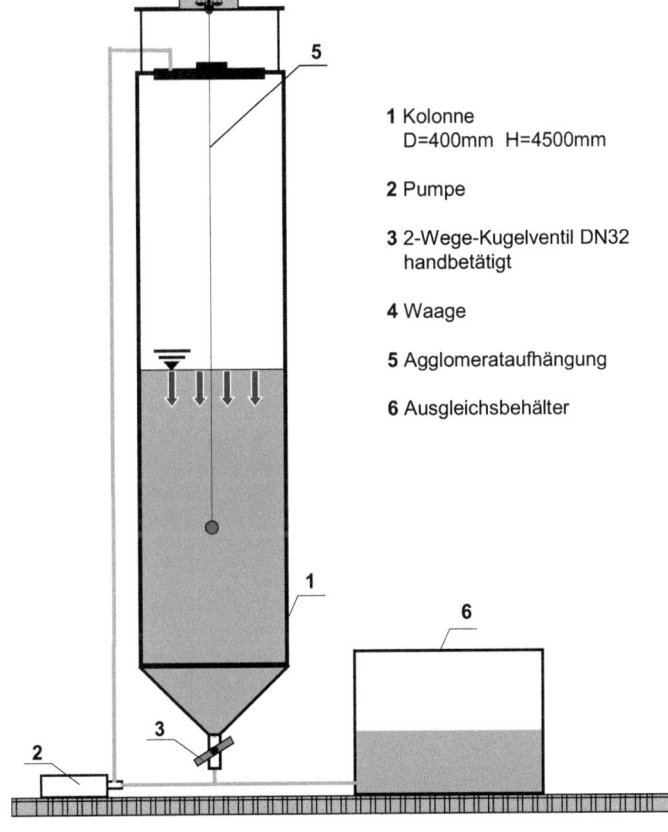

1 Kolonne
  D=400mm H=4500mm

2 Pumpe

3 2-Wege-Kugelventil DN32
  handbetätigt

4 Waage

5 Agglomerataufhängung

6 Ausgleichsbehälter

Abbildung 32: Schematische Darstellung des Versuchsstandes zur Anströmung an fixierten Agglomeratstrukturen

Material und Methoden

Um laminare Strömungsbedingungen zu realisieren wurde eine Glycerin-Wasserabmischung (85 Vol.%) verwendet, womit **REYNOLDS**-Zahlen bezogen auf die Kugel von $0{,}25 < Re_K < 3$ realisierbar waren. Problematisch waren die hohe Temperaturabhängigkeit der Viskosität des Glycerins sowie die Trägheit des Systems, die eine Überlagerung des eigentlichen Verlaufs der Widerstandskraft durch eine gedämpfte Schwingung zur Folge hatte. Diese Probleme waren bei Verwendung von reinem Wasser, wo der Bereich für $150 < Re_K < 500$ abgedeckt werden konnte, nicht zu verzeichnen.

b) Um eine **stationäre Anströmung von oben** zu realisieren, wurde das Wasser in derselben voll gefüllten Kolonne im Kreislauf von oben nach unten durch die Säule gepumpt. Eine Veränderung der Geschwindigkeit konnte über eine Frequenzsteuerung der Lamellenpumpe erreicht werden. Auch bei dieser Anordnung wurde über eine ausreichende Zeit (5 oder 10 min) der Verlauf der Anzeigewerte der Waage über der Zeit sowie über induktive Volumenstrommessung die Geschwindigkeit des Strömungsmediums über der Zeit gemessen.

Um die Einlauf- bzw. Auslaufbedingungen möglichst gleichmäßig zu gestalten, wurde das Wasser durch einen Einlaufkopf (siehe Abbildung 33) in die Kolonne gepumpt und ein Sieb mit der Maschenweite von 100µm oberhalb des konischen Ablaufteils der Säule platziert.

Abbildung 33: Einlaufkopf der Durchflusskolonne (links: Seitenansicht; rechts: Ansicht von unten)

c) Die stationäre Anströmung von unten wurde in weiteren Versuchen verwendet, um ein möglichst störungsfreies Anströmprofil zu erreichen. Auf die Unterschiede und Vorteile dieser Versuchsanordnung wird in Kapitel 5 näher eingegangen.

Material und Methoden

Die Vorgehensweise entspricht prinzipiell der unter b) beschriebenen. Lediglich die Höhe des Probekörpers innerhalb der Säule wurde von 3,28m auf 1,4m unterhalb des Wasserspiegels geändert. Die genannten Fadenlängen wurden so gewählt, dass sich das Strömungsprofil des Mediums bei Auftreffen am Probekörper weitgehend entsprechend den Strömungsbedingungen ausgeprägt hatte. Dazu sind eine gewisse Vorlauf- und Nachlaufstrecke notwendig. Die Waagewerte wurden jetzt durch die auftretenden Strömungskräfte nicht, wie in der vorherigen Anordnung höher, sondern niedriger.

4.4 Numerische Strömungssimulation

Neben der experimentellen Untersuchung bietet sich die numerische Simulation zur quantitativen Beschreibung von Strömungsvorgängen an. Gerade die Kombination beider Methoden kann zuverlässige weiter führende und wesentliche Ergebnisse liefern. Für die thematische Bearbeitung von Agglomeratstrukturen können mit Hilfe der Simulation Effekte, wie der Einfluss der mechanischen Fixierung, umgangen und Vorgänge im Inneren der Strukturen sichtbar gemacht werden.

Im Rahmen dieser Arbeit wurden die kommerziell verfügbaren Programme *GAMBIT* (zur Gittergenerierung) und *FLUENT* (zur Strömungssimulation) verwendet.

4.4.1 Gittergenerierung [55,56]

Die Arbeit mit *GAMBIT* als Grundlage für eine Strömungssimulation gliedert sich allgemein in drei Schritte. Am Beginn steht die Erzeugung des zu simulierenden Raumes. Dabei ist nicht nur die geometrische Form des Strömungsraumes von Bedeutung, der Anwender sollte den zu untersuchenden Raum gleichzeitig auch so unterteilen, dass die verschiedenen Bereiche einerseits den später zu erwartenden Strömungsbedingungen angepasst und andererseits gut diskretisierbar sind. Der zweite Schritt besteht in der eigentlichen Diskretisierung des erzeugten Raumes. Als Drittes werden dann die verschiedenen Strömungsbereiche und Typen von Randbedingungen definiert.

In dieser Arbeit wurden sowohl reguläre Gitter aus würfel- bzw. quaderförmigen Zellen als auch unstrukturierte Gitter aus beliebig geformten Zellen eingesetzt. Das *MAP*- und *SUBMAP*-Schema (siehe Abbildung 34) sind die zwei einfachsten Varianten für die Erzeugung regulärer Gitter.

Material und Methoden

Das *MAP*-Schema kann nur auf Räumen arbeiten, die regulär zu diskretisieren sind, also genau sechs Seiten besitzen und von denen jeweils zwei gegenüber liegen. Das *SUBMAP*-Schema kann auch auf komplizierter aufgebauten Räumen arbeiten, die in mehrere *MAP*-Schema-Bereiche aufgeteilt und anschließend einzeln gegittert werden.

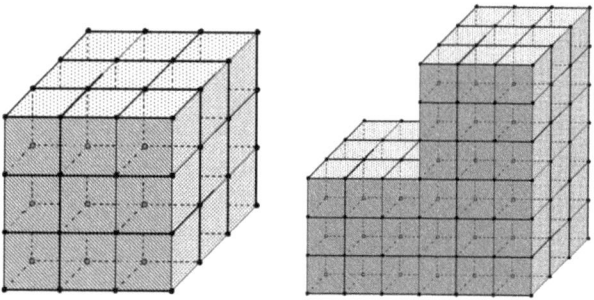

Abbildung 34: Diskretisierungsschemata regulärer Gitter, vollkommen regulär nach *MAP*-Schema (links) und teilweise regulär nach *SUBMAP*-Schema (rechts) [55]

Das *COOPER*-Schema diskretisiert zunächst eine Stirnfläche zweidimensional und verbindet dann das Gitter mit der zweiten, topologisch gleichartigen und gegenüberliegenden Stirnfläche (siehe Abbildung 35). Daraus entstehen zumindest teilweise reguläre Gitter.

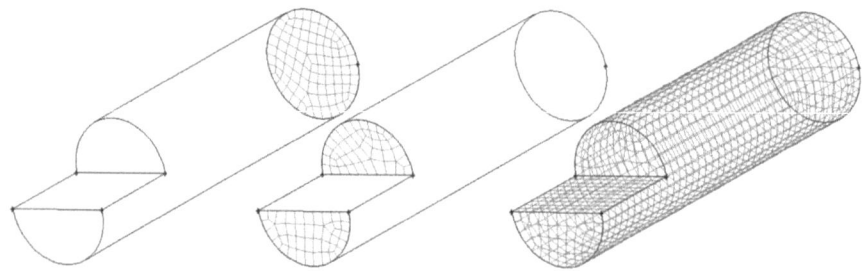

Abbildung 35: *COOPER*-Schema zur Erzeugung teilweise regulärer Gitter; nicht diskretisierbar (links), diskretisierbar (Mitte) und daraus entstehendes dreidimensionales Gitter (rechts) [55]

Unstrukturierte Gitter können nur mit dem *TGRID*-Schema komplett rechnergesteuert erzeugt werden.

Als letzter Schritt in *GAMBIT* werden die Randbedingungen sowie die einzelnen Strömungsräume definiert. Dabei werden diejenigen Grenzen zu Gruppen zusammengefasst, die durch eine gemeinsame Randbedingung definiert werden können. Diese Gruppen werden dabei nach den später zu simulierenden Strömungsbedingungen geordnet. So ist es z.b. möglich, eine Gruppe laminar zu rechnen, während in einer anderen Gruppe Turbulenzmodelle integriert werden.

4.4.2 Numerische Strömungssimulation mit FLUENT [57]

Die numerische Strömungssimulation wurde mit dem Programm FLUENT 5.5 der Firma FLUENT INC. durchgeführt. Dieses Programmpaket enthält verschiedene Solver, die unter einer gemeinsamen Oberfläche zusammengefasst sind und auf beliebigen Gittern nach dem Verfahren der finiten Volumen arbeiten (siehe Abbildung 36). Dabei gliedert sich die Vorgehensweise prinzipiell in drei Schritte. Zunächst werden die Gitterinformationen eingelesen und die Rechnung vorbereitet. Dann erfolgt die eigentliche Berechnung. Anschließend folgt die Auswertung und grafische Aufbereitung der Daten.

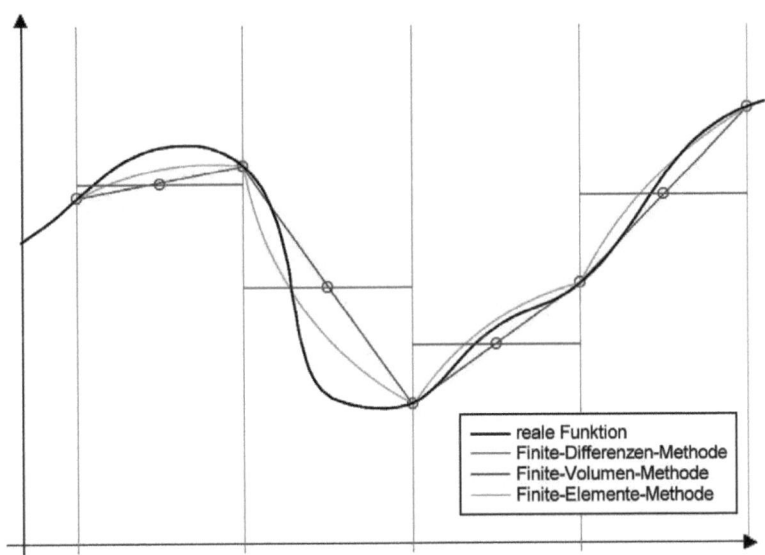

Abbildung 36: Approximationen einer eindimensionalen Funktion durch verschiedene Arten der numerischen Simulation [58]

Beim Preprocessing wird zu Beginn einer Arbeit an einer zu simulierenden Geometrie die von GAMBIT erzeugte Diskretisierung des Strömungsraumes eingelesen. Diese Datei enthält neben den Gitterdaten noch eine Gruppierung der einzelnen Bereiche des

Material und Methoden

zu untersuchenden Raumes sowie vorhandene Grenzen. Auf Grundlage dieser Gruppierungen werden später die verschiedenen Strömungsbereiche modelliert und die einzelnen Randbereiche zugewiesen. Danach werden die Grenzen und Volumen des Gesamtgitters sowie die Anzahl der Eckpunkte und Nachbarzellen jeder einzelnen Zelle berechnet. Zusätzlich werden weitere, vom Gittertyp abhängige Parameter überprüft. Anschließend definiert die Skalierung das in der Konstruktion des Gitters verwendete Längenmaß.

Die Bereiche der Gitterdatei sind entweder als Fluid oder als Festkörper definiert. Dabei müssen jedem Gebiet konkrete Materialwerte zugewiesen werden. Feststoffe werden dabei allein durch die Dichte und thermische Stoffkonstanten (nur bei zusätzlicher thermischer Modellierung benötigt) definiert, während für Fluide zusätzlich kinetische Parameter benötigt werden. Als nächste wurden die eingesetzten Modelle in Verbindung mit der Definition der Modellparameter sowie die Solver definiert, da diese möglichen Optionen den weiteren Verlauf des Preprocessings beeinflussen.

Die Definition der Randbedingungen stellt neben der räumlichen Modellierung die eigentliche Charakterisierung des zu berechnenden Systems dar. In dieser Arbeit wurden vor allem folgende Typen verwendet:

- wall - definiert eine Wand des Strömungsraumes
- symmetry - symmetrische Randbedingungen lassen keinerlei diffuse oder konvektive Ströme simulierter Größen über die Grenzen des Raumes zu
- velocity inlet - definiert einen festen Strömungsvektor, der an der Grenze des Strömungsraumes anliegt
- pressure outlet - an den Grenzen des Raumes wird ein Gegendruck spezifiziert, der vom strömenden Medium beim Verlassen des Strömungsraumes überwunden werden muss

Anschließend muss das Schema zur Berechnung der Werte für die zu bilanzierende Größe Θ auf den Zellgrenzen gewählt, die Relaxationsfaktoren sowie die auf die Residuen bezogenen Abbruchbedingungen gesetzt werden.

Der letzte Schritt im Preprocessing ist die Festlegung der Startwerte für alle zu untersuchenden Größen.

Als weitere Möglichkeit zur Anpassung von *FLUENT* an die modellierenden Bedingungen bieten sich 'user defined functions' (UDFs) an. Diese Funktionen bauen auf *C* auf und ermöglichen über Makros den Aufruf gewisser Erweiterungsfunktionen. In dieser Arbeit wurden so genannte interpreted UDFs, die erst zur Laufzeit von FLUENT kompiliert werden, eingesetzt.

Material und Methoden

Diese sind zwar relativ schlecht in den restlichen Code integriert und damit langsam in ihrer Ausführung, aber in der Anwendung vergleichsweise einfach.

In dieser Arbeit wurden UDFs eingesetzt, um die ansonsten über den gesamten Rohrquerschnitt konstante Zulaufgeschwindigkeit durch verschieden Profile zu ersetzen. Damit konnte auf eine lange Vorlaufstrecke zur Erzeugung des korrekten Anströmprofils für die zu untersuchenden Körper verzichtet und somit die Anzahl der zu berechnenden Zellen gesenkt werden. Es wurde neben einem entsprechenden paraboloiden Profil für die laminare Anströmung ein turbulentes Profil nach SCHLICHTING [1] implementiert. Dabei wurde das turbulente Profil durch die Berechnung der turbulenten kinetischen Energie und Dissipationsrate erweitert.

Neben der Berechnung der zulaufseitigen Strömungsprofile wurden weitere UDFs zur Erzeugung verbesserter Startbedingungen verwendet. Hintergrund ist die schnellere Verbreitung der Randbedingungen in Abhängigkeit der Feinheit der Diskretisierung. Für einen Untersuchungsraum, der einen umströmten Körper in einer Rohrströmung enthält, kann angenommen werden, dass ein großer Teil des Raumes Profile aufweist, die denen einer Lehrrohrströmung sehr nahe kommen. Daher wurden zusätzliche UDFs geschrieben, die den gesamten Strömungsraum mit einer laminaren bzw. turbulenten Strömung füllen. Die in dieser Arbeit verwendeten UDFs sind im Anhang zusammengefasst.

Für das Postprocessing bietet *FLUENT* verschiedene Varianten zur weiteren Verarbeitung der berechneten Daten. Diese beinhalten beispielsweise Routinen zur Erstellung verschiedener Tabellen und Reporte sowie zur grafischen Aufbereitung der generierten Lösung.

Es ist zwar möglich, die Werte einer physikalischen Größe für alle Zellen eines Raumes auszugeben, die resultierenden Ergebnisse sind jedoch meistenteils unübersichtlich und schwer zu interpretieren. Vorteilhaft ist die Möglichkeit, mitgeführte Größen an geometrischen Elementen aufzusummieren und zu integrieren. So lassen sich z.B. die an einer Fläche angreifenden Kräfte berechnen und getrennt als viskose Kräfte und Druckkräfte ausgeben.

Neben den alphanumerischen Berichten bietet *FLUENT* die Möglichkeit, die berechneten Daten grafisch als xy-Plots, die den Verlauf der untersuchten Größen über eine Fläche in Richtung eines definierten Vektors wiedergeben, als Isoliniendarstellung oder Abbildungen des Vektorfeldes darzustellen.

Material und Methoden

Die beiden letztgenannten Darstellungs-arten sind dabei jedoch meist nur für eine qualitative Beurteilung der Strömung geeignet.

Die Isoliniendarstellung bietet zusätzlich aber noch die Möglichkeit zur Verbesserung der Anpassung des Gitters an die nachgestellten Strömungsverhältnisse. Dabei geht man von der Annahme aus, dass die numerischen Fehler an Stellen mit hohen Gradienten am größten sind. Mit Hilfe einer so genannten Adaptionsfunktion können die Gradienten jeder zuvor dargestellten Größe berechnet und ausgegeben werden (siehe Abbildungen 37 und 38). Anschließend können alle Zellen, in denen der Gradient einen bestimmten Schwellenwert überschreitet (siehe Abbildung 39), markiert und von *FLUENT* eigenständig verfeinert werden. Dabei findet teilweise eine Überführung regulärer Gitter in eine Sonderform unstrukturierter Gitter statt, welche zwar ausschließlich aus Quadern besteht, jedoch den Ansprüchen regulärer Gitter an die Anzahl der Zellnachbarn nicht mehr genügt.

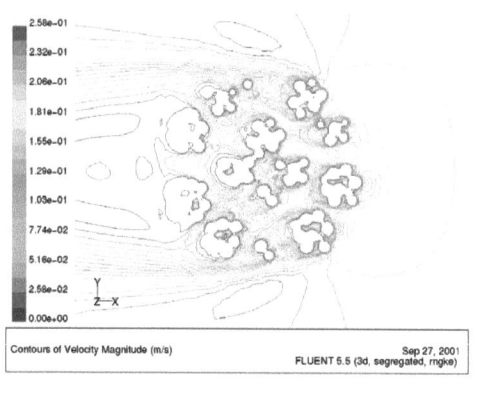

Abbildung 37:

Strömungsgeschwindigkeiten in der Umgebung eines Agglomerates FV32-2-1024-o (Angaben in m/s; Schnitt längs der Strömungsrichtung) [58]

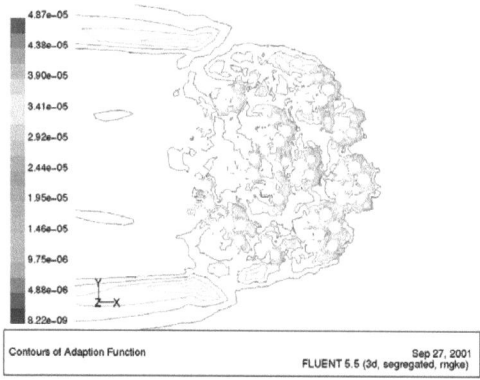

Abbildung 38:

Gradienten der Strömungsgeschwindig-keit in der Umgebung eines Agglomerates FV32-2-1024-o (Angaben in ms^{-1}; Schnitt längs der Strömungsrichtung) [58]

Material und Methoden

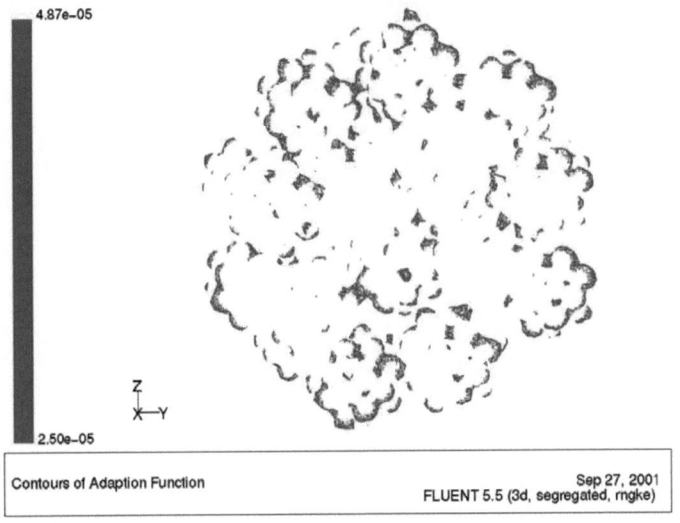

Abbildung 39: Zur Verfeinerung markierte Zellen in der Umgebung des Agglomerates FV32-2-1024-o (Ansicht des gesamten Strömungsraumes quer zur Strömungsrichtung) [58]

5 DARSTELLUNG DER ERGEBNISSE

In Abbildung 40 ist die Abhängigkeit der Viskosität von der Temperatur der in dieser Arbeit verwendeten Strömungsmedien Wasser und Glycerin grafisch dargestellt.

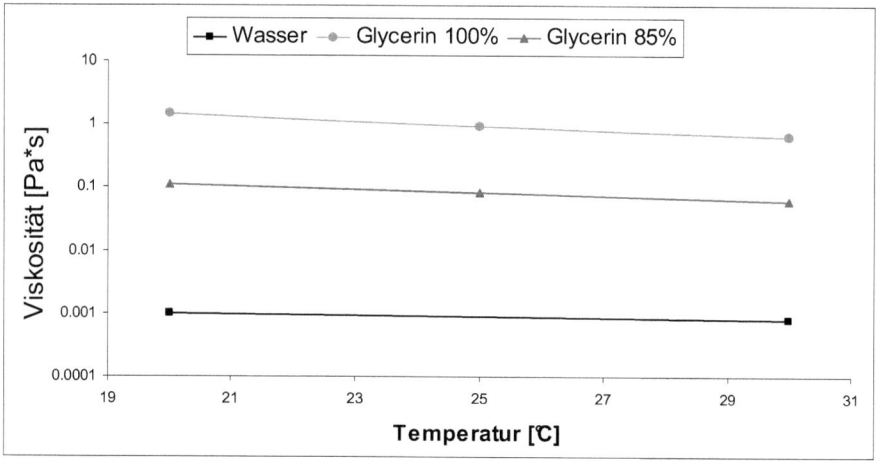

Abbildung 40: Abhängigkeit der dynamischen Viskosität von der Temperatur für Wasser und Glycerin

Die Kurven beruhen auf Messungen, die 1995/96 am Lehrstuhl Aufbereitungstechnik der BTU Cottbus mit einem Rotationsviskosimeter durchgeführt wurden. Trotz logarithmischer Auftragung der Viskosität ist die starke Temperaturabhängigkeit der Viskosität von Glycerin bzw. der 85-prozentigen Glycerin-Wasser-Abmischung im Vergleich zu der von Wasser zu sehen. Eine Versuch begleitende Messung der Temperatur wurde sowohl für Glyzerin, aber auch Wasser als Strömungsmedium, immer durchgeführt, um in den weiteren Auswertungen die nötigen Viskositäten ermitteln zu können.

5.1 Kugelsedimentation

Um quantitative Aussagen über das Verhalten weitgehend unerforschter Strukturen unter bestimmten Strömungsbedingungen verständlicher zu vermitteln, bietet sich der Vergleich mit einem Referenzsystem oder einer Referenzstruktur an. Unter geometrischen Gesichtspunkten und unter Berücksichtigung des verhältnismäßig hohen Wissensstandes bietet sich die Vollkugel an.

Darstellung der Ergebnisse

Um nicht nur auf die in der Literatur verfügbaren Erkenntnisse, die zum Teil erheblich voneinander abweichen (siehe die C_W-Wertabhängigkeit von der Re-Zahl in Kapitel 2.2) und um die Tauglichkeit der verwendeten Versuchsaufbauten zu überprüfen wurden eigene Untersuchungen mit Kugeln vorgenommen.

Mit der in Kapitel 4.2 unter Punkt a) beschriebenen Messanordnung wurden die Sedimentationsgeschwindigkeiten von den in Tabelle 2 aufgeführten Kugeln ermittelt [59]. Eine Überprüfung der Größe und der Dichte von allen Kugeln ergab, dass die Herstellerangaben nicht immer genügend genau waren. Die eigens ermittelten Materialangaben sowie die gemessenen Sedimentationsgeschwindigkeiten sind mit angegeben.

	d [10^{-6}m]	ρ [kg/m³]	v [m/s]
VO6	6,00	1361,48	0,28020
VO7,5	7,51	1419,58	0,34703
VO9	9,00	1376,36	0,36199
VO10	10,00	1362,30	0,37962
VO12	11,97	1354,93	0,40847
VO14	14,00	1350,80	0,44160
VO16	16,00	1332,58	0,44097
VO18	18,00	1370,89	0,50094
VO28	27,99	1408,74	0,63526
VO29	29,00	1331,75	0,57227
VO30	30,00	1413,26	0,65942
VO32	31,93	1406,57	0,66948
VA6	6,00	1122,84	0,15060
VA8	8,00	1125,85	0,17802
VA9	9,00	1134,81	0,20127
VA10	9,98	1126,78	0,21286
VA12	11,93	1126,20	0,23402
VA14	13,98	1121,00	0,24354
VA18	18,00	1108,53	0,27343
VV6,35	6,35	1395,95	0,30120
VV8	8,00	1366,62	0,34652
VV10	10,00	1369,19	0,37938
VV12	12,00	1368,22	0,42120
VV18	17,90	1363,79	0,49098
VV20	20,00	1366,33	0,51280
VV24	24,00	1368,75	0,56972
VV27	27,00	1368,70	0,57992
VV30	30,00	1371,79	0,60662
VV32	32,00	1365,19	0,61382

Tabelle 2: Durchmesser, Dichten und gemessene Sedimentationsgeschwindigkeiten der Kugeln

Darstellung der Ergebnisse

Die Messungen wurden in Wasser mit einer Temperatur von ca. 20°C durchgeführt, bei der die Viskosität von 0,001022 Pa*s und eine Dichte von 998,206 kg/m³ für die weiteren Berechnungen zu Grunde gelegt wurden. Leichte Temperaturabweichungen haben einen vernachlässigbar kleinen Einfluss auf diese beiden Größen.

Für die sedimentierenden Kugeln wurden die Re-Zahlen nach 1 in Kapitel 2.1 und die C_W-Werte nach Umstellung der Gleichung 3 in Kapitel 2.2 berechnet und in Abbildung 41 grafisch dargestellt.

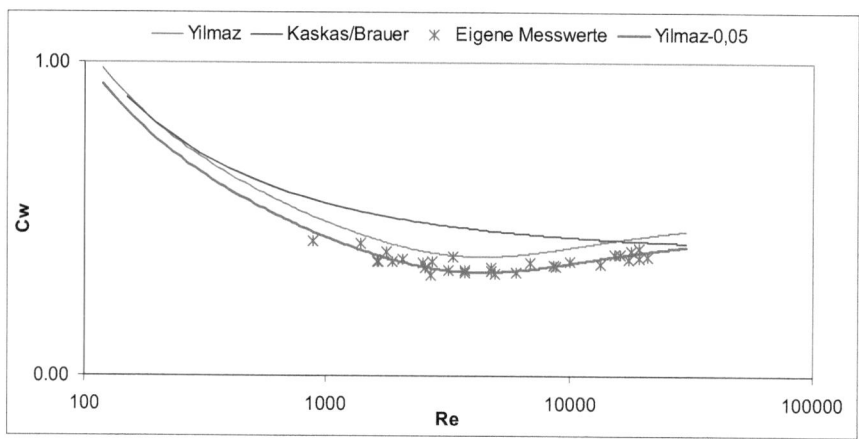

Abbildung 41: Grafische Darstellung der C_W-Werte über der Re-Zahl für zwei in der Literatur aufgeführte Formeln und die Regression durch die eigenen Messwerte auf Basis der **YILMAZ**-Gleichung

Diese Darstellung macht deutlich, dass die Messergebnisse bei einer Re-Zahl von ca. 4400 ein lokales Minimum aufweisen. Dieses lokale Minimum wird formelmäßig nur von **YILMAZ** (Gleichung 13, Kapitel 2.2) unter den vier exemplarisch aufgeführten Formeln berücksichtigt. Die Ursache für die durchweg geringe Abweichung der Regression durch die eigenen Messwerte von 0,05 auf den C_W-Wert bezogen konnte nicht geklärt werden. Da die eigenen Messungen als Referenz dienen sollen, wurde für die folgende Auswertung der Sedimentationsversuche folgende modifizierte **YILMAZ**-Gleichung verwendet:

$$C_W = \frac{24}{Re} + \frac{3,73}{Re^{0,5}} - \frac{4,83 \cdot 10^{-3} \cdot Re^{0,5}}{1 + 3 \cdot 10^{-6} \cdot Re^{1,5}} + 0,44 \qquad \text{Gleichung 54}$$

Darstellung der Ergebnisse

5.2 Agglomeratsedimentation

In der nachfolgenden Tabelle 3 sind die Ergebnisse der Sedimentation der Agglomeratstrukturen aufgelistet. Dabei wurden die projektionsflächenäquivalenten Kugeldurchmesser mit Hilfe der Bildanalyse bestimmt, die Dichte entweder über Messungen in der Dichtewaage bestimmt oder über die bestimmte Masse und das Volumen berechnet, die Sedimentationsgeschwindigkeiten gemessen (die Werte der Quelle 59 mit Hilfe der in Kapitel 4.2 unter Punkt a beschriebenen Messanordnung und die Werte der Quellen 53 und 60 mit Hilfe der unter Punkt b beschriebenen Messanordnung), die Porosität (bezogen auf die projektionsflächenäquivalente Kugel), die innere und gesamte Oberfläche berechnet und aus dem herrschenden Gleichgewicht die Widerstandskraft bei der entsprechenden Geschwindigkeit berechnet. Diese Ausgangsgrößen bilden die Grundlage für die Herstellung der Bezüge zu den Vollkugeln und der sich ergebenden Modellstrukturen.

Alle Ergebnisse wurden mit Wasser bei einer Temperatur von ca. 20°C erzielt. Das ist mit einer Viskosität von 0,0010022 kg/(m*s) und einer Dichte von 998,206 kg/m³ verbunden.

Name	Quelle	d_j [10^{-3}m]	ρ_{fs} [kg/m³]	v [m/s]	ϵ_j [%]	$A_{O,in}$ [m²]	$A_{O,ges}$ [m²]	$F_{W,Ag}$ [N]
KV8-2-32-o	[59]	7,26	1374	0,212	33,10	2,32E-04	4,02E-04	4,94E-04
KV10-2-81-o	[59]	9,77	1373	0,257	31,46	6,53E-04	1,01E-03	1,23E-03
KV18-2-451-o	[59]	17,28	1367	0,358	30,01	4,41E-03	5,67E-03	6,83E-03
KV28-2-1918-o	[59]	27,43	1369	0,459	25,66	1,99E-02	2,41E-02	2,92E-02
FV28-2-1024-o	[53]	25,33	1345	0,290	49,58	1,06E-02	1,29E-02	1,46E-02
FV28-2-1024-t	[53]	25,33	1271	0,269	34,51	3,50E-03	6,05E-03	1,49E-02
FV28-2-1024-g	[53]	25,95	1211	0,249	29,80	-	2,70E-03	1,34E-02
KV8-2-32-g	[53]	7,39	1200	0,146	13,98	-	1,89E-04	3,61E-04
KV6-2-14-o	[60]	5,45	1375	0,183	30,95	9,42E-05	1,76E-04	2,17E-04
KV6-2-14-o+1	[60]	5,45	1748	0,267	30,77	9,42E-05	1,76E-04	4,32E-04
KV6-2-14-o+2	[60]	5,45	2021	0,316	30,59	9,42E-05	1,76E-04	5,91E-04
FV16-2-196-o	[60]	14,50	1375	0,255	48,57	1,93E-03	2,46E-03	3,03E-03
FV16-2-196-o+5	[60]	14,50	1537	0,314	48,57	1,93E-03	2,46E-03	4,34E-03
FV16-2-196-o+10	[60]	14,50	1699	0,359	48,57	1,93E-03	2,46E-03	5,65E-03
FV16-2-196-t	[60]	14,70	1319	0,238	42,11	6,65E-04	1,24E-03	3,03E-03
FV16-2-196-t+5	[60]	14,70	1457	0,300	42,11	6,65E-04	1,24E-03	4,34E-03
FV16-2-196-t+10	[60]	14,70	1595	0,334	42,11	6,65E-04	1,24E-03	5,64E-03
FV16-2-196-g	[60]	14,90	1264	0,231	33,14	-	5,99E-04	3,02E-03
FV16-2-196-g+5	[60]	14,90	1378	0,293	33,12	-	5,99E-04	4,32E-03
FV16-2-196-g+10	[60]	14,90	1493	0,329	33,10	-	5,99E-04	5,62E-03
KO6-1,5-30-o	[60]	5,63	1337	0,154	43,10	1,20E-04	2,12E-04	1,76E-04
KO6-1,5-30-o+1	[60]	5,63	1550	0,203	43,09	1,20E-04	2,12E-04	2,87E-04
KO6-1,5-30-g	[60]	5,75	1246	0,127	27,28	-	1,10E-04	1,76E-04
KO6-1,5-30-g+2	[60]	5,75	1558	0,202	27,27	-	1,10E-04	3,98E-04
KO6-1,5-30-g+4	[60]	5,75	1870	0,258	27,27	-	1,10E-04	6,19E-04
FO21-1,5-900-g+16	[60]	19,45	1320	0,219	28,45	-	1,55E-03	8,69E-03
FO21-1,5-900-g+42	[60]	19,45	1440	0,271	25,15	-	1,55E-03	1,25E-02

Darstellung der Ergebnisse

Name	Quelle	d_j [10^{-3}m]	ρ_{fs} [kg/m³]	v [m/s]	ε_j [%]	$A_{O,in}$ [m²]	$A_{O,ges}$ [m²]	$F_{W,A,g}$ [N]
FO21-1,5-900-g+72	[60]	19,45	1641	0,316	30,34	-	1,55E-03	1,69E-02
FO21-1,5-900-t	[60]	19,45	1370	0,223	37,74	1,86E-03	3,29E-03	8,75E-03
FO21-1,5-900-t+30	[60]	19,45	1496	0,275	32,94	1,86E-03	3,29E-03	1,26E-02
FO21-1,5-900-t+48	[60]	19,45	1618	0,324	25,88	1,86E-03	3,29E-03	1,74E-02
FO21-1,5-900-o+35		19,27	1585	0,239	57,55	5,17E-03	6,36E-03	9,15E-03
FO21-1,5-900-o+75		19,27	1871	0,292	57,55	5,17E-03	6,36E-03	1,36E-02
FO21-1,5-900-o+106		19,27	2090	0,339	57,55	5,17E-03	6,36E-03	1,70E-02

Tabelle 3: Ergebnisse der Agglomeratsedimentation

5.3 Anströmversuche an fixierten Kugeln

Um den Einfluss der Fixierung auf die Messergebnisse zu ermitteln und nach Möglichkeit zu quantifizieren wurden zunächst für jede Messanordnung Referenzmessungen mit fixierten Kugeln vorgenommen.

5.3.1 Anströmversuche an fixierten Kugeln mit ablaufendem Strömungsmedium

Verwendet wurde dabei die um die Messungen der Kugel VO14 erweiterte Datengrundlage aus dem DFG-Bericht von 1996 [52]. Zunächst wurde eine dreidimensionale Regression der gemessenen Gesamtwiderstandskraft über die benetzte Fadenlänge und die Anströmgeschwindigkeit in *TABLE CURVE 3D* durchgeführt. Im Gegensatz zur Auswertung im DFG-Bericht wurden alle vier Geschwindigkeitsbereiche, die durch die vier verschiedenen Ventilöffnungen realisiert wurden, in die Betrachtung mit einbezogen. Weiterhin wurden als physikalisch begründete Randbedingungen der Kugelwiderstand bei einer Fadenlänge l=0m für die entsprechenden Geschwindigkeitsbereiche und der Fadenauftrieb bei der Geschwindigkeit v=0m/s hinzugefügt. In der Abbildung 42 links sind diese Werte im 3D-Diagramm dargestellt. Dort sind auch noch gut die bei höheren Geschwindigkeitsbereichen verstärkt auftretenden Krümmungen durch die gedämpften Schwingungseinflüsse nach der Ventilöffnung zu sehen. In Abbildung 42 rechts ist die Regressionsebene durch das Messfenster grafisch dargestellt.

Die Gleichung für die Regressionsebene der Kugel VO32 lautet:

$$\ln(F_{W,ges,g}) = -11,827388 - \frac{32,503308}{\ln(v)} - 2,3636092 \cdot e^{-l}$$ Gleichung 55

Ebenso ergibt sich für die Kugel VO14 folgende Ebenengleichung:

$$\ln(F_{W,ges,g}) = -11,888414 - \frac{32,814728}{\ln(v)} - 2,7812172 \cdot e^{-l}$$ Gleichung 56

Darstellung der Ergebnisse

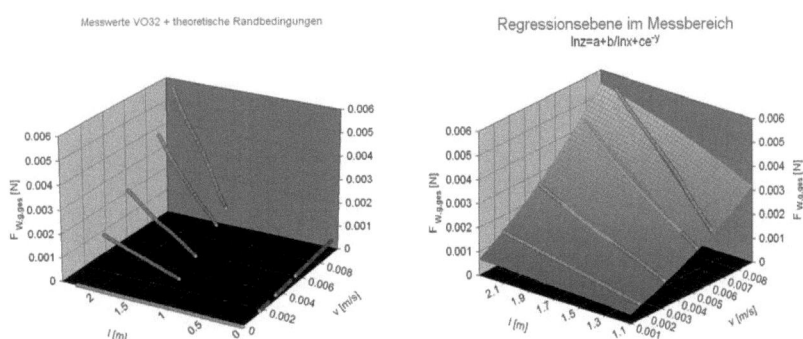

Abbildung 42: links: Messwerte und Randbedingungen; rechts: Regressionsebene für das Messfenster

Die Darstellung beider Ebenen (siehe Abbildung 43) erlaubt die Interpretation, dass durch nachgewiesene Parallelität in Fadenlängenrichtung eine Unabhängigkeit des Gesamtwiderstandes von dieser Größe im Messfenster gegeben ist.

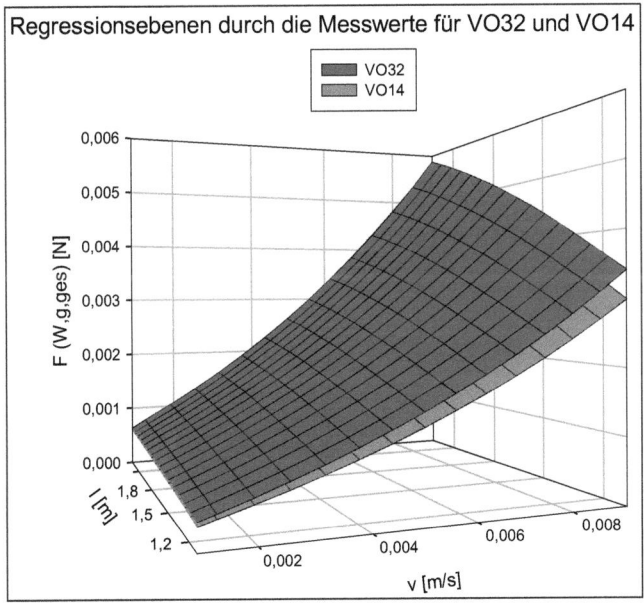

Abbildung 43: Regressionsebenen der Gesamtwiderstandskraft für die fixierten Kugeln VO14 und VO32 in Abhängigkeit von der benetzten Fadenlänge und der Anströmgeschwindigkeit

Darstellung der Ergebnisse

Der Vergleich dieser experimentell gewonnenen Datengrundlage mit der Theorie (Gleichungen 57), der eine additive Zusammensetzung des Gesamtwiderstandes aus Fadenwiderstand, Fadenauftrieb und Kugelwiderstand zu Grunde liegt, zeigt in diesem Strömungsbereich eine Abweichung für beide Kugelgrößen von ca. 10%.

$$F_{W,ges,theor} = F_{W,K,theor} + F_{W,Fi,theor} + \Delta F_{B,Fi}$$

Gleichung 57a

$$F_{W,ges,theor} = \frac{\rho_{fl}}{2} v^2 \cdot \frac{\pi}{4} d^2 \cdot C_{W,K}(Re) + 0{,}05891225 \cdot 8 \cdot \pi \cdot \eta \cdot v \cdot l + \frac{\pi}{4} d_{Fi}^2 (H - h_0) \rho_{fl}$$

Gleichung 57b

Diese Abweichung zwischen den Ebenen, die den Gesamtwiderstand in Abhängigkeit von der Fadenlänge und der Anströmgeschwindigkeit darstellen, beträgt für die 14mm-Kugel genau 9,28% auf den Gesamtwiderstand bezogen und für die 32mm-Kugel 10,09%. Trotz deutlichen Unterschiedes in der Kugelgröße und der damit verbundenen Kugelwiderstandskraft besteht eine etwa gleich große Abweichung des Gesamtwiderstandes, der also nicht vom fixierten Probekörper verursacht wird. Sie wird im Folgenden stellvertretend für den Gesamtwiderstand rechnerisch dem Teilwiderstand der Fixierung zugeordnet. Dieser spielt für die weitere Auswertung, in der ein Vergleich des Teilwiderstandes der fixierten Probekörper stattfindet, keine Rolle. Hintergrund ist, dass so ein Vergleich der verschiedenen Probekörper selbst entweder durch Subtraktion des Anteils der Fixierung aus dem Gesamtwiderstand möglich ist oder die Differenz der Gesamtwiderstände selbst einen Vergleich ermöglicht.

Die Krümmung in den Ebenen für die Gesamtwiderstände ergibt sich regressionsbedingt, da *TABLE CURVE 3D* die mathematisch richtige Ebene (sowohl in Geschwindigkeitsrichtung als auch in Fadenlängenrichtung müsste diese Ebene aus Geraden bestehen, die jeweils ihren Anstieg ändern) trotz eines Pools von über 10.000 Gleichungen nicht angeboten hat. Da aber nur ein Vergleich zwischen den verschiedenen Ebenen bzw. Teilwiderständen stattfindet, ist dieser Umstand mathematisch nicht gravierend, da für alle Regressionen dieser Umstand gilt.

Darstellung der Ergebnisse

Grafisch dargestellt ist dies in Abbildung 44, wo auch die Regressionsebene für den theoretisch berechneten Gesamtwiderstand für die fixierte Kugel nach Gleichung 57b gekrümmt ist, obwohl von dieser Ebene nur die Schnittkante parallel zur Geschwindigkeitsachse sichtbar ist. Zum Vergleich ist die Gerade für den Kugelwiderstand ohne Fadeneinfluss (entspricht einer Fadenlänge l=0m) mit dargestellt.

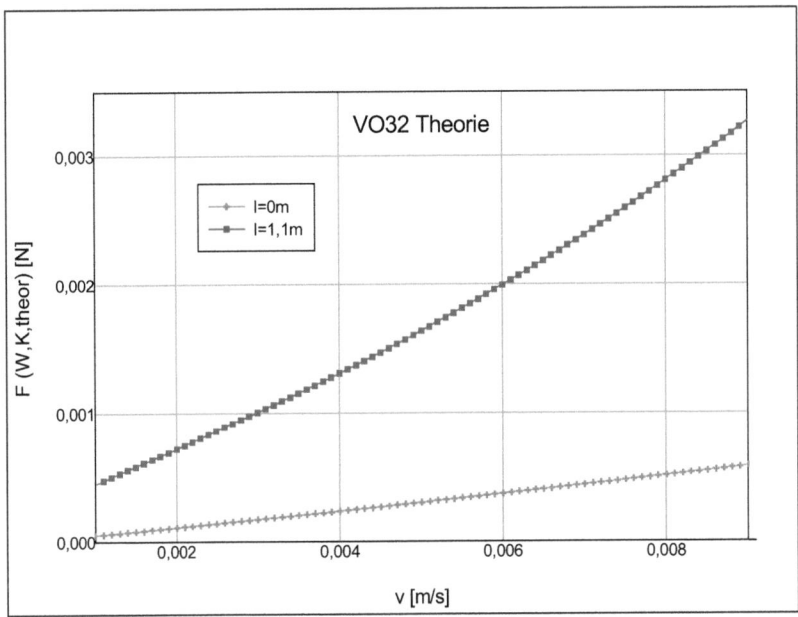

Abbildung 44: Berechneter Widerstand für VO32

In Abbildung 45 sind für einen Teilversuch (den Geschwindigkeitsbereich 3) die berechneten Teil- und Gesamtwiderstände sowie die gemessenen Gesamtwiderstände der VO32 in einem Diagramm dargestellt. Diese Linien sind Teile der Ebenen im Raum und senkrecht zur Geschwindigkeitsachse betrachtet.

Darstellung der Ergebnisse

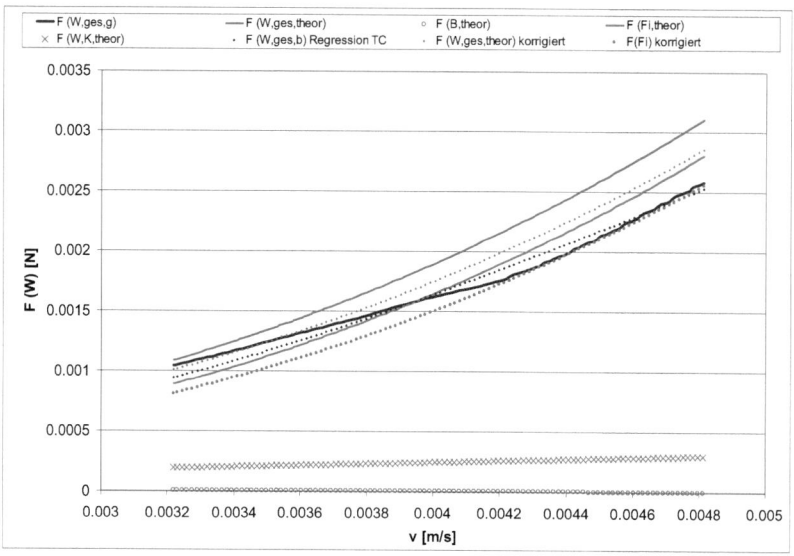

Abbildung 45: Berechnete und gemessene Widerstandskräfte für VO32 im Geschwindigkeitsbereich 3

5.3.2 Anströmversuche an fixierten Kugeln mit stationärer Anströmung von unten

Für diese Versuchsanordnung wurden umfangreiche experimentelle Voruntersuchungen mit Kugeln durchgeführt, um die Aufteilung der Teilwiderstandes der Fixierung am Gesamtwiderstand möglichst vollständig zu beschreiben. Dazu wurden gemäß der im Kapitel 4.3 unter Punkt c beschriebenen Messanordnung die Größe der fixierten Kugeln sowie die stationäre Anströmgeschwindigkeit variiert.

Grund hierfür ist, dass die experimentellen Ergebnisse in [61] zeigten, dass die Messungen bei stationärer Anströmung von unten teilweise erhebliche und nicht interpretierbare Abweichungen aufwiesen. Unter gleichen Versuchsbedingungen wurden innerhalb einer Reihe die Messungen durch Wiederholung bestätigt (meist ΔF_{ges} < 0,5-2 mg; Messgenauigkeit der Waage: 1 mg; Anzeigegenauigkeit: 0,1 mg [62]). Nachmessungen an anderen Tagen oder Wochen ergaben zwar wieder reproduzierbare Werte, diese wichen aber von denen der ersten Messreihen ab.

Darstellung der Ergebnisse

Daraufhin wurden alle ersichtlichen Einflussfaktoren auf die Messungen überprüft und alle möglichen Unterschiede ausgeschlossen. Die einzige Unsicherheit bestand bezüglich der der Waage, die die eigentliche Kraftmessung realisierte. Bereits innerhalb eines Tages fiel auf, dass die Waage empfindlich auf direkte Sonneneinstrahlung reagierte, was sich in einer Restanzeige (Nullpunktsdrift) widerspiegelte. Der ermittelte Messwert wurde daraufhin jeweils entsprechend korrigiert (korr. Mittelwert = Mittelwert − 0,5*Restwert). Um die Messunsicherheit u der Waage noch weiter zu bestimmen sind nach Herstellerangaben folgende Werte bekannt [63]:

- Reproduzierbarkeit $\leq 0{,}15$ mg
- Linearitätsabweichung $\leq 0{,}5$ mg
- Empfindlichkeitsänderung $\leq 1*10^{-6}$ / °C

Unter den Annahmen, dass alle gemessenen Werte unter 5g lagen und eine maximale Lufttemperaturdifferenz von rund 9°C vorlag ergibt sich gemäß Gleichungen 58 und 59 eine maximale Abweichung von maximal 0,52 mg.

$$5000 mg \cdot (1E-6 / °C) \cdot 9°C = 0{,}045 mg \qquad \text{Gleichung 58}$$

$$u = \sqrt{(0{,}15 mg)^2 + (0{,}5 mg)^2 + (0{,}045 mg)^2} = 0{,}52 mg \qquad \text{Gleichung 59}$$

Dieser Wert liegt noch unter der Messgenauigkeit der Waage und kann demzufolge vernachlässigt werden. Da immer Messungen an fixierten Vollkugeln als Referenz dienen wurden von [61,64] die Agglomerate und die Kugeln mit möglichst nahe liegender Projektionsfläche zeitlich hintereinander gemessen. Weiterhin wurden in [65] zahlreiche Referenzmessungen an verschieden großen Kugeln und an verschiedenen Tagen durchgeführt. Diese umfassende Datengrundlage erlaubt eine wesentlich bessere Quantifizierung des Anteils der Fixierung. In Abbildung 46 sind die Ergebnisse der Fadenwiderstandskräfte in Abhängigkeit von der Anströmgeschwindigkeit und der Anströmfläche der verwendeten Kugeln grafisch dargestellt.

Die aus der Regression erhaltene Ebenengleichung ist ebenfalls in Abbildung 46 ablesbar und wurde für die weitere Auswertung aller mit dieser Messanordnung durchgeführten Agglomeratuntersuchungen herangezogen. Das heißt, dass von den gemessenen Gesamtwiderständen der durch die Fixierung verursachte Teilwiderstand abgezogen wurde und man somit den Widerstand des Probekörpers erhält.

Darstellung der Ergebnisse

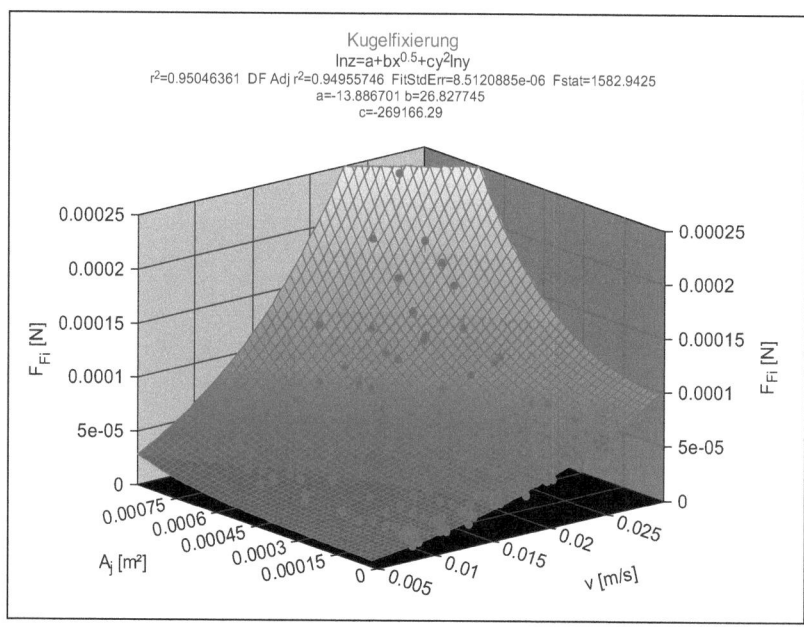

Abbildung 46: Fadenwiderstandskräfte in Abhängigkeit von der Anströmgeschwindigkeit und der Projektionsfläche der Kugeln

5.4 Anströmversuche an fixierten Agglomeraten mit ablaufendem Strömungsmedium

Wie bereits in Kapitel 5.3.1 erwähnt stehen prinzipiell zwei Varianten zum Vergleich der Agglomeratstrukturen untereinander bzw. mit Vollkugeln zur Verfügung. Entweder man vergleicht die gesamt gemessene Widerstandskraft (inklusive des Einflusses der Fixierung) der verschiedenen Probekörper bei gleicher Strömungsgeschwindigkeit und gleicher Fadenlänge. Der daraus resultierende Unterschied ist, bei unterstellter Additivität der Teilwiderstände (nur gültig im Bereich schleichender Umströmung), dann nur auf den unterschiedlichen Strömungswiderstand des Probekörpers zurück zu führen. Die andere Möglichkeit besteht darin, den Anteil der Fixierung unter gleichen strömungsrelevanten Bedingungen am gesamten Strömungswiderstand abzuziehen und so den Strömungswiderstand des Probekörpers zu separieren und für einen Vergleich zugänglich zu machen.

Darstellung der Ergebnisse

Für beide Varianten ist es notwendig, eine Regression über die jeweiligen Messergebnisse durchzuführen, um auch nicht deckungsgleiche Strömungsparameter in den verschiedenen Versuchsreihen zu erhalten. Weiterhin können eventuell enthaltene Messunsicherheiten (sowohl stochastischer als auch in begrenztem Maße systematischer Natur) in ihrem Einfluss etwas verringert werden.

Die Ergebnisse der Regressionen über die Messreihen in vier verschiedenen Geschwindigkeitsbereichen (durch die verschieden Ventilöffnungen realisiert) sind in den folgenden Gleichungen dargestellt:

$$F_{W,ges,g,KO32-8-32-g} = 0,00020805416 - 11,343718 \cdot v^2 \cdot \ln(v) + 0,000093242237 \cdot l^3$$

Gleichung 60

$$F_{W,ges,g,KO32-8-32-o} = e^{\left(-12,434013 - \frac{30,950495}{\ln(v)} + 0,11054183 \cdot l^2\right)}$$

Gleichung 61

$$F_{W,ges,g,FO32-2-1296-g} = e^{\left(-12,906689 - \frac{32,669959}{\ln(v)} + 0,079338819 \cdot l^{2,5}\right)}$$

Gleichung 62

$$F_{W,ges,g,FO32-2-1296-t} = 0,00012676125 - 11,284344 \cdot v^2 \cdot \ln(v) + 0,00006528757 \cdot l^3$$

Gleichung 63

$$F_{W,ges,g,FO32-2-1296-o} = 0,00029344359 - 14,746711 \cdot v^2 \cdot \ln(v) + 0,0000510776 57 \cdot l^3$$

Gleichung 64

Darstellung der Ergebnisse

5.5 Numerische Simulationen

Zunächst wurde damit begonnen, die Möglichkeiten und Grenzen der verwendeten Software **FLUENT** zu bestimmen. Dazu wurden einfache Systeme, wie die Umströmung einer Kugel in einer Kolonne und den Nachweis des dabei auftretenden Wandeinflusses sowie die Untersuchung der im Kontaktbereich eines quer zur Strömungsrichtung angeordneten Kugelpaares auftretenden Effekte, simuliert. Diese Ergebnisse wurden anschließend mit der Theorie verglichen, um Aussagen über die Qualität der Simulationen zu erhalten.

In einer zweiten Gruppe von Simulationen wurden bereits am Lehrstuhl Aufbereitungstechnik durchgeführte experimentelle Untersuchungen mit Simulationen nachgestellt. Ein Vergleich von Simulation und Experiment lieferte neue Erkenntnisse über das Verhalten der Simulation.

Mit dieser Erfahrung wurde abschließend ein frei in der Strömung schwebenden Agglomerates simuliert.

5.5.1 Umströmung einer Kugel in einem Rohr

Um das theoretische belegte und in [19] auch durch Untersuchungen am Lehrstuhl für Aufbereitungstechnik experimentell nachgewiesene Verhältnis von ca. 16,5 des Kolonnendurchmessers zum Kugeldurchmesser als Grenze des Wandeinflusses auf den Probekörper zu bestätigen, wurden Simulationen einer Kugel mit dem Durchmesser d_K=2mm in der Strömung eines Rohres mit Durchmessern zwischen 20 mm und 38 mm mit einer Schrittweite von 2mm simuliert. Die sich daraus ergebenden Durchmesserverhältnisse lagen demnach zwischen 10 und 19. Die Strömungsgeschwindigkeit wurde mit 0,001 m/s so gewählt, dass sich sowohl auf die Kugel (Re_K=2) als auch auf die Rohrströmung ($20 \leq Re_{Rohr} \leq 38$) bezogen praktisch laminare Strömungsverhältnisse ergaben.

Als Nachweis für das Einsetzen des Einflusses der Rohrinnenwand auf die Probekugel wurden zwei jeweils aufeinander folgende Strömungsbilder überlagert und die Bereiche unterschiedlicher Strömungsgeschwindigkeiten (in der Simulation Bereiche unterschiedlicher Farbcodierung) schwarz dargestellt. In den folgenden Abbildungen sind diese Differenzen der Strömungsbilder unterschiedlichen Rohrdurchmessers für einen stets gleichen Bereich um die Kugel grafisch dargestellt.

Darstellung der Ergebnisse

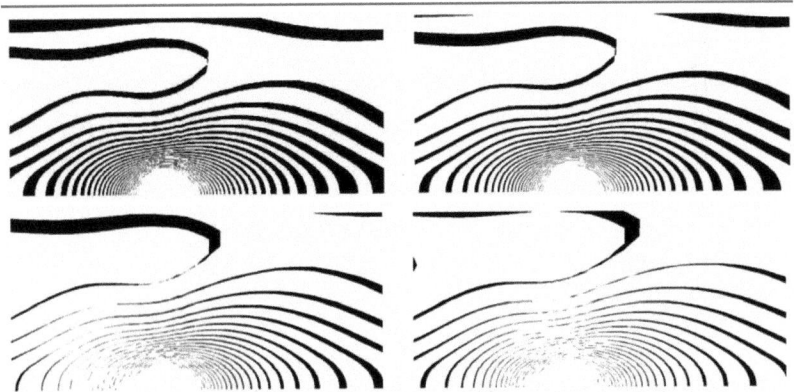

Abbildung 47: Differenzen der Strömungsbilder mit den Rohrdurchmessern: d_{Rohr}=30mm und d_{Rohr}=28mm (oben links), d_{Rohr}=32mm und d_{Rohr}=30mm (oben rechts), d_{Rohr}=34mm und d_{Rohr}=32mm (unten links), d_{Rohr}=36mm und d_{Rohr}=34mm

Diese bildanalytische Methode zeigt, dass die Gebiete unterschiedlicher Strömungsgeschwindigkeit in den Differenzbildern im Bereich der Durchmesserverhältnisse unter 17 signifikant größer sind, als bei Durchmesserverhältnissen über 17. Bei Verhältnissen über 18 sind im direkten Kugelumfeld kaum noch schwarze Gebiete vorhanden.
Damit konnte der empirische Wert von ca. 16,5 als Obergrenze des Wandeinflusses auf einen kugelförmigen Probekörper auch in der Simulation gefunden werden.

5.5.2 Umströmung von zwei Kugeln

Der Strömungsraum um die später zu untersuchenden Agglomeratstrukturen lässt sich prinzipiell in drei verschiedene Bereiche aufteilen. Den bezüglich der räumlichen Ausdehnung größten Bereich bildet die frei umströmbare Zone rund um das Agglomerat. Innerhalb eines Agglomerates lässt sich der Fluidraum in das offene Porenvolumen und um die Bereiche rund um die Kontaktstellen der Primärpartikel unterteilen. Diese Kontaktstellen sind der Strömung auf Grund der starken Wandeinflüsse schwer zugänglich. Weiterhin ist die Geometrie der Zwickel ein Problem bei der Gittergenerierung. Umgehen kann man diese Schwierigkeiten, wenn man nachweisen kann, dass der Einfluss eines minimalen Abstandes zwischen den sich sonst berührenden Primärpartikeln vernachlässigbar im Sinne dieser Arbeit ist.

Darstellung der Ergebnisse

Deshalb wurden zwei Kugeln mit einem Durchmesser von 2mm in einem Rohr des Durchmessers 66mm einer Wasserströmung ausgesetzt. In einem Teilversuch berührten sich beide Kugeln, in dem zweiten Teilversuch wiesen sie einen Abstand von 40µm auf. Die Verbindungsachse der Kugeln lag zunächst senkrecht zur Strömungsrichtung. In Abbildung 48 ist das generierte Gitter unter Ausnutzung der Symmetrieebene, die die Strömungsrichtung und die Verbindungsachse der Kugeln aufspannt, grafisch dargestellt.

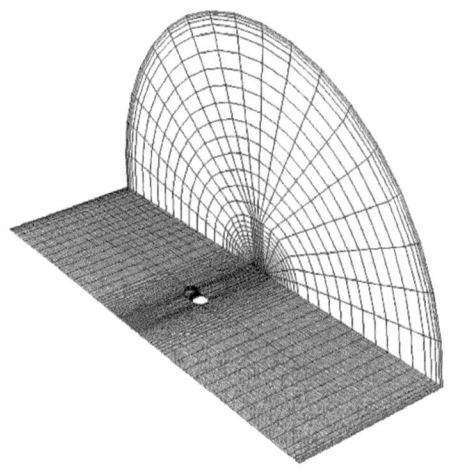

Abbildung 48: Gittergeometrie für die Symmetrieebene und den Querschnitt [58]

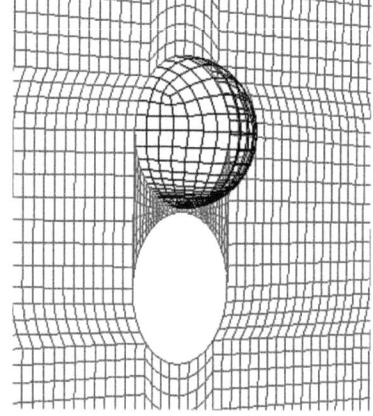

Abbildung 49: Gitterauschnitt in perspektivischer Darstellung [58]

Darstellung der Ergebnisse

Das Gitter um die Kugeln ist aus hexaedrischen Zellen aufgebaut, während im Zwickelraum ein unstrukturiertes Gitter mit tetraedrischen Zellen vorlag. Um die Unabhängigkeit der Zwickelgeometrie bei unterschiedlichen Bedingungen zu zeigen, wurden der Anströmwinkel ($0° \leq \gamma_{mean} \leq 10°$) und die Strömungsgeschwindigkeit ($0,001 \frac{m}{s} \leq v_{mean} \leq 100 \frac{m}{s}$) variiert. Die sich auf die Kugel bezogenen Reynoldszahlen zwischen 2 und $2*10^6$ reichten damit vom laminaren bis in den hoch turbulenten Bereich. Da kein Turbulenzmodell in **FLUENT** sämtliche Strömungsbereiche abdeckt, wurden laminare und $k\varepsilon$-Turbulenzmodelle eingesetzt. Die verschiedenen Varianten konnten mit Hilfe der Erstellung von Skripten in kurzer Zeit realisiert werden. In der folgenden Tabelle ist der Versuchsplan dargestellt.

Turbulenzmodell	Strömungsgeschwindigkeit / (m/s)						
	0,001	0,01	0,5	2	5	10	100
laminar	x	x	x	x			
turbulent		x	x	x	x	x	x

Tabelle 4: Versuchsplan für die Simulationen der Anströmung eines Kugelpaares

Die Simulationen im Gitter aus insgesamt 66.000 Zellen wurden mit Diskretisierungen erster Ordnung durchgeführt und dem **SIMPLE**-Algorithmus durchgeführt. Der iterative Solver wurde mit Standardwerten in den Relaxationsfaktoren eingesetzt und es wurden jeweils ca. 70 Iterationen benötigt bis die Lösungen konvergierten.

Die Ergebnisse zeigen, dass sich das Strömungsbild nur im direkten Bereich des eingefügten Zwickels signifikant änderte. In den umgebenden Bereichen variieren die lokalen Geschwindigkeiten der Strömung nur wenig voneinander (siehe Abbildung 50).

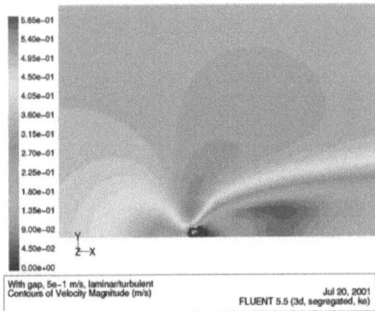 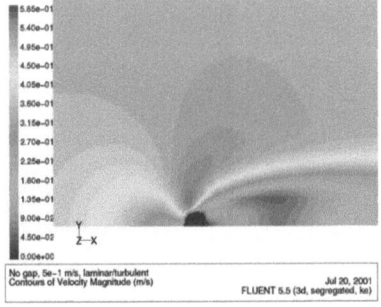

Abbildung 50: Strömungsbilder mit (links) und ohne Zwischenraum (rechts) [58]

Darstellung der Ergebnisse

Im Zuge dieser Untersuchungen wurde allerdings auch deutlich, dass die sich ergebenden Strömungsbilder auch vom gewählten Turbulenzmodell abhängig waren. Das zeigt in der folgenden Abbildung ein direkter Vergleich der Umströmung zweier Kugeln mit Zwischenraum einmal mit dem $k\varepsilon$-Turbulenzmodell und zum anderen mit dem Reynolds-Stress-Turbulenzmodell.

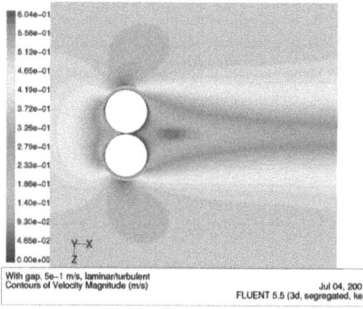 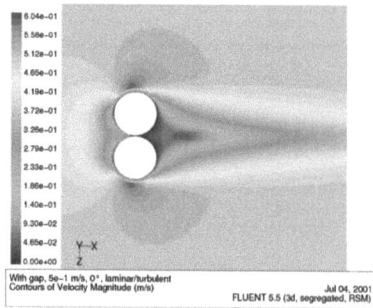

Abbildung 51: Strömungsbild mit $k\varepsilon$-Turbulenzmodell (links) und zum anderen mit dem Reynolds-Stress-Turbulenzmodell (rechts)

5.5.3 Fixierte Kugeln

Die ausgewertete Literatur macht nur selten Angaben über die verwendeten Modelle sowie deren Parameter und bevorzugt keinen der untersuchten Ansätze (siehe dazu vor allem [66] und [67]). Deshalb wurde eine Art Kalibrierung an einem experimentell untersuchten Referenzsystem durchgeführt, um die am besten geeigneten Turbulenzmodelle für die Simulationen zu finden. Grundlage bildeten die in Kapitel 4.3 sowie in [19] und [52] beschriebenen Versuche an mit einem Kupferdraht fixierten Kugeln in einer ausströmenden Kolonne. Als Strömungsmedien wurden Wasser sowie eine Abmischung von Wasser und Glycerin (85 Vol.-%) verwendet und durch entsprechende Ventilöffnungen Reynoldszahlen zwischen 0,25 und 500 realisiert.

Das direkte Umfeld der Kugel mit dem Durchmesser von 32mm sollte dabei möglichst genau aufgelöst werden. Daher wurde dort eine sehr feine Diskretisierung des Strömungsraumes vorgenommen (siehe Abbildung 52).

Darstellung der Ergebnisse

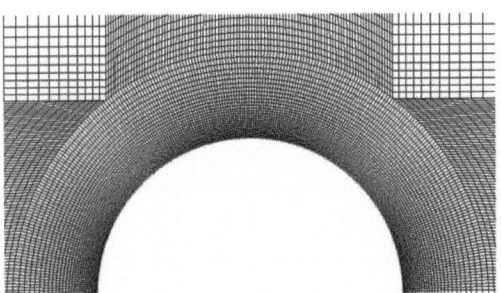

Abbildung 52: Gitter der Kolonne in unmittelbarer Umgebung der Kugel [58]

Im restlichen Untersuchungsbereich wurde die Diskretisierung so vorgenommen, dass wandnahe Strömungsbereiche höher aufgelöst wurden als der restliche Strömungsbereich (siehe Abbildung 53).

Abbildung 53: Gitter der Kolonne; Zellgrößen in m² [58]

Auf Grund des sich verändernden Flüssigkeitspegels konnte keine stationäre Lösung berechnet werden. Daher wurde eine zeitliche Diskretisierung von einer Hundertstel Sekunde vorgenommen und jede hundertste Iteration als Datensatz abgespeichert.
Die Dichte der Glyzerinmischung wurde zu 1220,645 kg/m³ berechnet und die dynamische Viskosität mit 0,1129 Pa*s angesetzt. Der Kolonnenablauf wurde als freie Öffnung mit einem Durchmesser von 10,7 mm gestaltet und die Geschwindigkeiten der restlichen Simulationen durch Variation der Gravitation an die Versuche angepasst.
Folgende Modelle wurden untersucht:
- Laminares Modell
- $k\varepsilon$-Turbulenzmodelle: - Standard $k\varepsilon$-Modell
   - RNG $k\varepsilon$-Modell
- **REYNOLDS**-Stress-Modell,

wobei für die zwei turbulenten Modelle folgende Möglichkeiten zur Behandlung der wandnahen Strömung zur Verfügung standen:

Darstellung der Ergebnisse

- Wandfunktion
- Non equilibrium Wandfunktion
- Two layer zonal Model

Die Simulationen mit der non equilibrium Wandfunktion führte eindeutig zu falschen Ergebnissen. Die anderen beiden Wandmodelle errechneten ähnliche Lösungen, wobei nicht eindeutig bestimmt werden konnte, welches die realen Strömungsverhältnisse besser wiedergab. Da nach [56] das two layer zonal model Strömungen im schwach turbulenten Bereich besser wiedergibt, wurden alle weiteren Simulationen mit diesem Modell gerechnet.

Im Laufe der Berechnungen traten verschiedene Probleme auf. Einerseits konvergierten die Simulationen nur sehr langsam, andererseits entstanden an der Phasengrenzfläche Fluid-Luft Instabilitäten, die die Rechnungen zum Abbruch brachten. Dieser Effekt trat vor allem an den Rändern der Phasengrenzfläche auf, so dass angenommen werden kann, dass die Ursache im großen Länge/Breite-Verhältnis der Zellen und die diagonale Bewegung der Fluidoberfläche durch sie hindurch liegt. Abbildung 54 zeigt beispielhaft die Strömungsbedingungen etwa 10 zeitliche Iterationen vor dem Abbruch.

Abbildung 54: Strömungsbedingungen am Rand der Phasengrenzfläche; Flussvektoren und Fluidoberfläche (schattiert: einzelne Zelle) [58]

Oberhalb des Fluids ist die Geschwindigkeitsüberhöhung zu erkennen, die physikalisch nicht zu interpretieren ist. Der Fehler wuchs mit steigender Länge des an der Wand haftenden Fluidfilms und führte bei der Glyzerinmischung schließlich zum Abbruch der Berechnungen. Abhilfe konnte zwar eine regelmäßige Kürzung des Films von Hand schaffen, aber eine kontinuierliche Berechnung über einen längeren Zeitraum wurde dadurch verhindert.

Um einen direkten Vergleich mit der im Experiment an der Waage auftretenden Gewichtskraft zu gewährleisten, wurden in der Simulation die durch die Strömung an der Fixierung und dem Probekörper wirkenden Scherspannungen mit der Fläche der

Darstellung der Ergebnisse

Zelle multipliziert und die viskosen Kräfte für jede Zelle gemäß folgender Gleichungen aufaddiert (auf Grund des zweidimensionalen Untersuchungsraumes in der Simulation müssen die Flächen der einzelnen Zellen als Rotationskörper berechnet werden):

$$F_W = \sum_{i=1}^{n_W} \left(\tau_i \, 2\pi \, Y_{1,i} \, (X_{2,i} - X_{1,i}) \right)$$ Gleichung 65

und

$$F_K = \sum_{i=1}^{n_K} \tau_i \, \max\left((2\pi \, r_K \, (X_{2,i} - X_{1,i})) ; \left(\pi \left| Y_{1,i}^2 - Y_{2,i}^2 \right| \right) \right)$$ Gleichung 66

mit

τ_i Scherspannung in einzelner Zelle,
$X_{j,i}, Y_{j,i}$ Koordinaten der zwei Randpunkte einer Zelle (es sei $X_{2,i} > X_{1,i}$),
n Anzahl der Zellen in einem Bereich des Gitters.

Der Verlauf der ermittelten Kräfte über der Zeit für die einzelnen Simulationen ist in den Abbildungen 55 und 56 dargestellt.

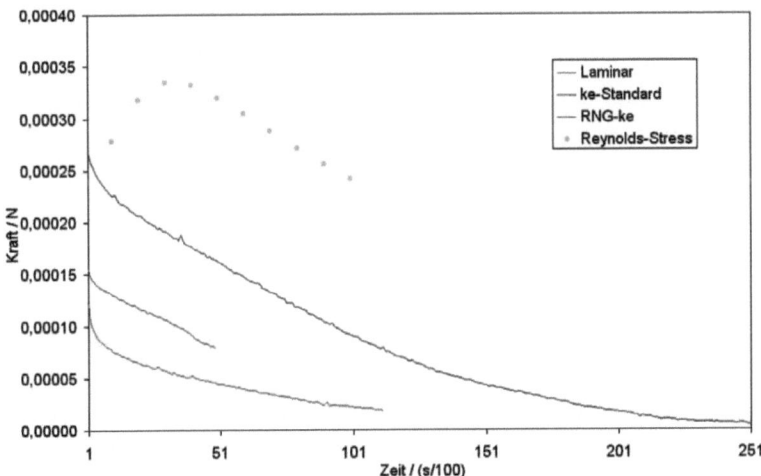

Abbildung 55: Simulation K32-Wasser; Kräfte an Faden und Kugel [58]

Darstellung der Ergebnisse

Die unterschiedliche Länge der Zeitachse beruht auf den entsprechend verschiedenen Laufzeiten der Simulationen. Der Versuch mit dem **REYNOLDS**-Stress-Modell ist in Form von diskreten Zeitwerten dargestellt, da hier nur alle zehn Sekunden ein Datensatz aufgenommen wurde.

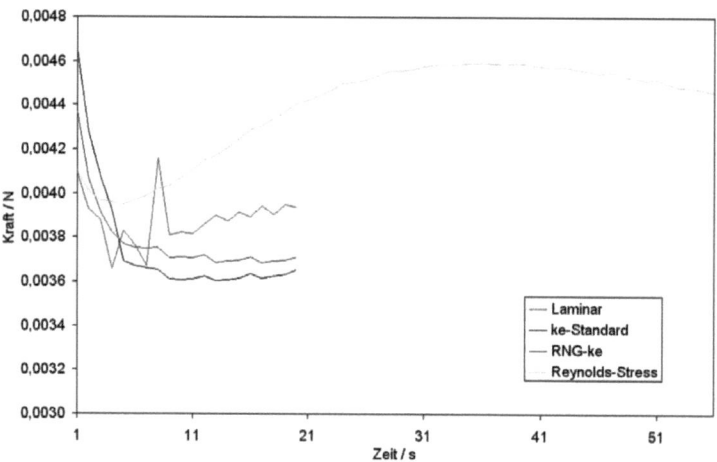

Abbildung 56: Simulation K32-Glyzerin; Kräfte an Faden und Kugel [58]

In Abbildung 56 zeigt sich der erwähnte Einfluss der Instabilitäten an den Phasengrenzflächen, vor allem beim laminaren Verlauf. Die lokalen Maxima bei den Verläufen der $k\varepsilon$-Modelle geben genau die Zeitpunkte der korrigierenden Eingriffe wieder.

Die in den Abbildungen 57 und 58 dargestellten Ablaufgeschwindigkeiten wurden mit Hilfe der Kontinuitätsgleichung für inkompressible Strömungen aus dem Fluidstrom im Kolonnenauslass berechnet. Daher ergab sich die Ablaufgeschwindigkeit gemäß folgender Gleichung:

$$u_{Kol} = \frac{\sum_{i=1}^{n_{out}} \left(u_i \pi \left(Y_{2,i}^2 - Y_{1,i}^2 \right) \right)}{\pi r_k^2} \qquad \text{Gleichung 67}$$

mit

u_i	x-Komponente der Fluidgeschwindigkeit in einzelner Zelle,
$X_{j,i}, Y_{j,i}$	Koordinaten der zwei Randpunkte einer Zelle (es sei $Y_{2,i} > Y_{1,i}$),
r_k	Kolonnenradius,
n	Anzahl der Zellen in einem Bereich des Gitters.

Darstellung der Ergebnisse

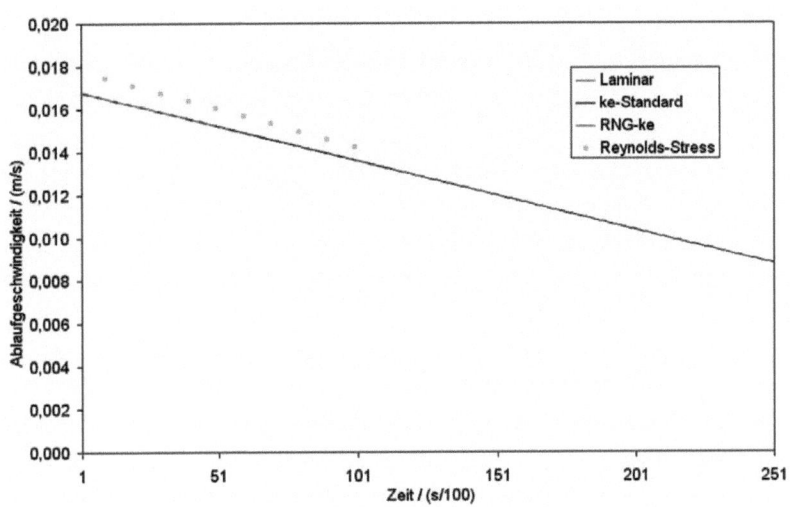

Abbildung 57: Ablaufgeschwindigkeiten aus der Kolonne für Wasser [58]

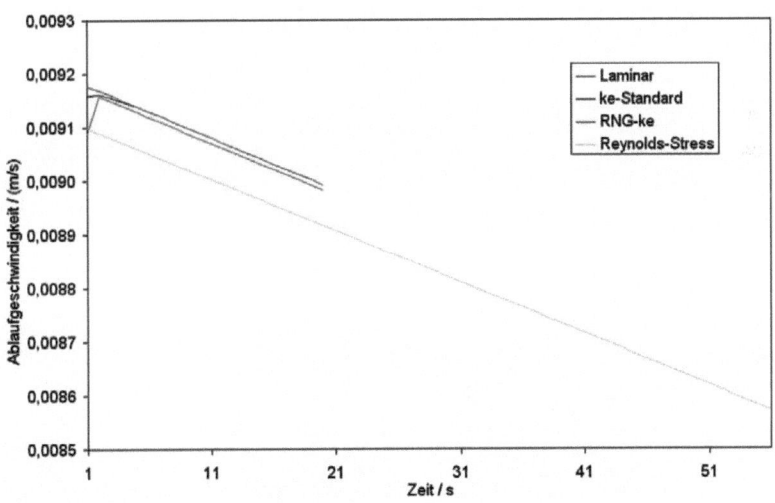

Abbildung 58: Ablaufgeschwindigkeiten aus der Kolonne für Glyzerin [58]

Darstellung der Ergebnisse

Bei Behältern mit konstantem Querschnitt ändern sich erwartungsgemäß die Ablaufgeschwindigkeiten linear mit der Zeit. Die Simulationen mit dem laminaren und den $k\varepsilon$-Modellen ergeben sehr ähnliche Geschwindigkeiten, während die mit dem REYNOLDS-Stress-Model etwas abweichen. Der relative Unterschied für die Versuche mit Wasser beträgt 6,25 % und mit Glyzerin lediglich 1,1 %. Die experimentell ermittelten Geschwindigkeiten werden in der Simulation gut wiedergegeben (Experiment-Wasser: 0,0187-0,0097 m/s; Simulation: 0,0167-0,0087 m/s). Der in den Simulationen mit Glyzerin als Fluid ermittelte Geschwindigkeitsbereich überschneidet sich mit den experimentellen auf Grund der kurzen Laufzeiten nur wenig. Die Übereinstimmung der Werte in diesem kurzen Überschneidungsbereich ist aber sehr gut (Experiment-Glyzerin: 0,0087-0,0059 m/s; Simulation: 0,009-0,0086 m/s).

Zusätzlich wurden die Strömungsprofile im Anströmbereich der Kugel aufgenommen. Der Abstand der Profile auf einer radialen Geraden von dem angeströmten Pol der Kugel betrug 30mm. In den Abbildungen 59 und 60 sind die Ergebnisse für die verschiedenen Turbulenzmodelle sowie ein theoretisch berechnetes Profil für laminare Strömung (vgl. Kapitel 6.1) grafisch dargestellt.

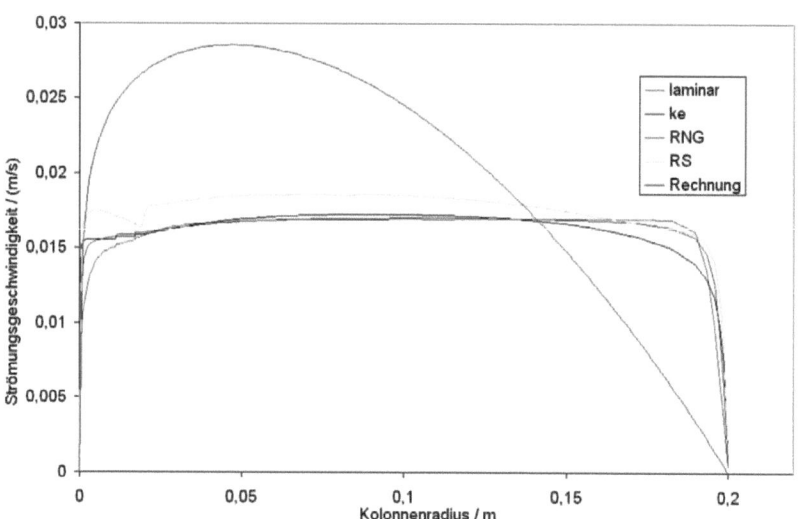

Abbildung 59: Radiales Strömungsprofil in der Kolonne mit Wasser [58]

Darstellung der Ergebnisse

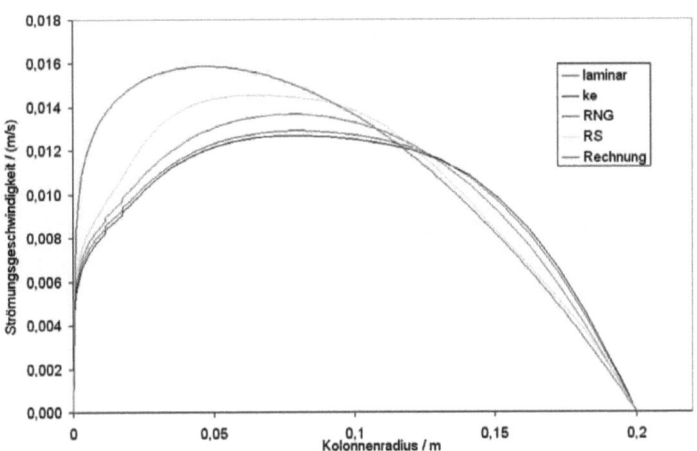

Abbildung 60: Radiales Strömungsprofil in der Kolonne mit Glyzerin [58]

Die mit Wasser als Fluid durchgeführten Simulationen ergeben dabei fast das Profil einer Pfopfenströmung. Bei Glyzerin zeigt sich eine sehr viel bessere Anpassung an das theoretische Profil.

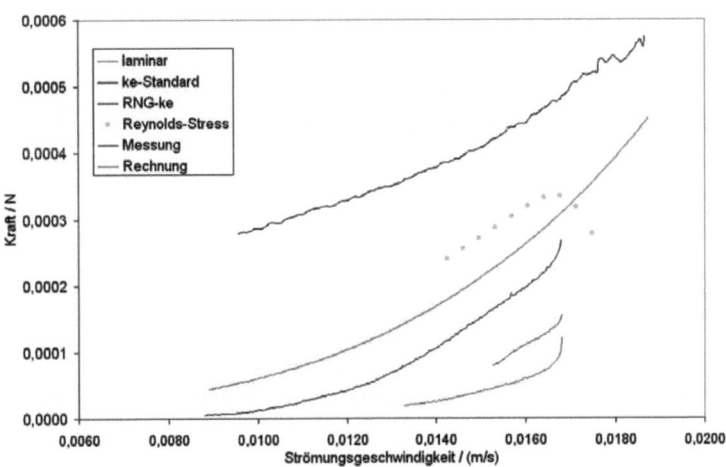

Abbildung 61: Viskose Kräfte in Abhängigkeit von der Ablaufgeschwindigkeit für K32 in Wasser [59]

Darstellung der Ergebnisse

In den Abbildungen 61 und 62 sind die am Probekörper angreifenden viskosen Kräfte in Abhängigkeit von der Anströmgeschwindigkeit dargestellt, um einen direkten Vergleich der Ergebnisse von Experiment und Simulation zu ermöglichen.

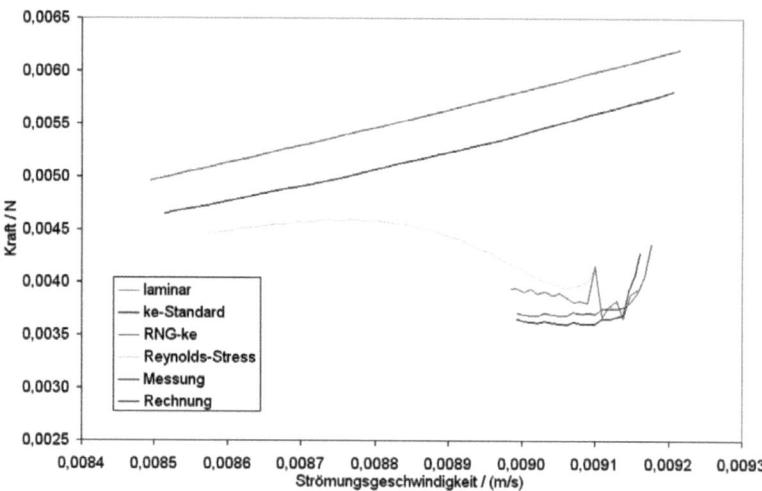

Abbildung 62: Viskose Kräfte in Abhängigkeit von der Ablaufgeschwindigkeit für K32 in Glyzerin [59]

5.5.4 Agglomerate

In dieser Versuchsserie wurde die freie Um- und Durchströmung der Agglomeratstruktur FV8-2-32-o bei Anströmgeschwindigkeiten von 9,112 mm/s (v_1) und 19,746 mm/s (v_2) sowie des Agglomerates FV32-2-1024-o (siehe Abbildung 63) bei 0,2 m/s (v_3) simuliert.

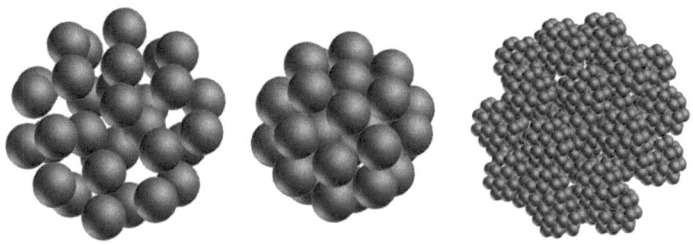

Abbildung 63: Generierte Agglomerate: FV8-2-32-o (links), nach verdichtetes FV8-2-32-o (Mitte), FV32-2-1024-o (rechts)

Darstellung der Ergebnisse

Ein großes Problem bei der Generierung der Agglomeratstrukturen war die Positionierung der Primärkugeln im Raum. Einerseits sollten die Agglomerate möglichst dicht gepackt sein, andererseits durften sich die Primärkugeln nicht überschneiden. Es musste also ein Satz Koordinaten gefunden werden der es erlaubt, 32 Kugeln mit einem Durchmesser von 2mm in einer 8mm-Kugel unterzubringen. In [68] konnte ein Programm gefunden werden, das solche Koordinatensätze für beliebige Durchmesser der Primärkugeln und umhüllenden Kugeln berechnet. Die berechneten Cluster waren zunächst mit zu großen Zwischenräumen versehen (Abbildung 63, links). Deshalb fand eine nachträgliche Verdichtung statt (Abbildung 63, Mitte). Zur Erzeugung des Agglomerates FV32-2-1024-o wurde dieser Koordinatensatz 32 mal kopiert und geometrisch ähnlich zusammengefügt (Abbildung 63, rechts).

Im Gegensatz zu den vorangegangenen Simulationen musste auf Grund des irregulären Aufbaus der Agglomeratstrukturen und der damit fehlenden Radialsymmetrie vollständig dreidimensional gerechnet werden. Zusammen mit der sich ergebenden komplizierten Geometrie im Porenraum der Agglomerate, der ein sehr feines Gitter erfordert, erhöhte dies den Rechenaufwand erheblich. Da jedoch eine freie Strömung ohne Fixierung und Behälterwände erfolgte, konnte auch der umgebende Bereich klein gehalten (als Kreiszylinder mit einer Länge von 100mm und einem Durchmesser von 50mm) und ausreichend fein aufgelöst werden. Die Grenzen des Untersuchungsraumes konnten, im Gegensatz zu den vorhergehenden Simulationen, als Symmetrierandbedingung modelliert werden. Diese Art lässt zwar keinen Druckausgleich zu, das strömende Medium wird aber, anders als an einer Wand, nicht abgebremst. Deshalb entsteht auch kein Strömungsprofil und der Einfluss der Grenzen auf den Probekörper geht zurück.

In der folgenden Tabelle sind die Ergebnisse der Simulationen als auftretende Kräfte einschließlich der Umrechnung in mit dem Experiment vergleichbaren Gewichtskräfte dargestellt.

Versuch	auftretende Kräfte [N]			gemessenes Gewicht [mg]		
	F_P	F_V	total	Δm_P	Δm_V	total
FV8-2-32-o; v_1	-1.839E-06	-1.971E-06	-3.810E-06	1.870E-01	0.201	0.388
FV8-2-32-o; v_2	-2.002E-06	-4.665E-06	-4.667E-06	2.040E-01	0.272	0.476
FV32-2-1024-o; v_3	-1.104E-02	-5.249E-03	-1.803E-02	1.126E+03	535.1	1837.7

Tabelle 5: In vertikaler Richtung auftretende Kräfte sowie die daraus resultierende Gewichtskraft

Auswertung

6 AUSWERTUNG

6.1 Einfluss der Fixierung der Probekörper

Für die in Kapitel 4.3 beschriebenen Anströmversuche wurden die Agglomeratstrukturen an Fäden (entweder Kupferdraht mit d=50µm oder Angelsehne mit d=100µm) aufgehängt und die Widerstandskraft des gesamten Systems gemessen. Obwohl der Durchmesser der Fixierung sehr dünn im Vergleich zum Kolonnendurchmesser gewählt wurde, herrschen axial in der Kolonne bei Re-Zahlen <2320 laminare Strömungsverhältnisse. Da sowohl an der Innenwand der Kolonne als auch an der Oberfläche der Fixierung eine örtliche Strömungsgeschwindigkeit von Null vorliegt (Haftbedingung), bildet sich das in Abbildung 64 dargestellte radiale Strömungsprofil zwischen zwei konzentrisch Zylinderwänden aus. Dieses kann mit Hilfe folgender Formeln aus [69] berechnet werden.

$$\frac{v(r)}{\bar{v}} = 2\Phi \left\{ \frac{d_a^2 + d_{in}^2}{2 d_{gl}^2} - \left(\frac{2r}{d_{gl}} \right)^2 + \frac{d_a + d_{in}}{d_{gl}} \cdot \frac{\ln \frac{2r}{\sqrt{d_a d_{in}}}}{\ln \frac{d_a}{d_{in}}} \right\}$$
Gleichung 68

$$\Phi = \frac{1}{\frac{d_a^2 + d_{in}^2}{d_{gl}^2} - \frac{d_a + d_{in}}{d_{gl}} \cdot \frac{1}{\ln \frac{d_a}{d_{in}}}}$$
Gleichung 69

$$d_{gl} = d_a - d_{in}$$
Gleichung 70

Zum Vergleich wurde in der Abbildung 64 noch eine ca. 30mm große Kugel (gestrichelter Kreis) mit eingefügt. Der Probekörper befindet sich während der Anströmung demzufolge im Bereich des größten radialen Geschwindigkeitsgradienten. Für $\bar{v}$ ist die mittlere und damit die Geschwindigkeit des Flüssigkeitsspiegels einzusetzen.

Das Ablaufverhalten der Fallschachtkolonne wurde in [52] experimentell bestimmt und die Messungen zeigten, dass das Weg-Zeit-Verhalten sehr gut durch die Gleichung der gleichmäßig verzögerten Bewegung ausgedrückt werden kann:

$$h = \tfrac{1}{2} a' t^2 + v_0' t + h_0'$$
Gleichung 71

Auswertung

Die Koeffizienten a', v_0', h_0' wurden durch eine quasilineare Regression bestimmt. Die Ablaufgeschwindigkeit folgt somit zu:

$$\overline{v} = a't + v_0'$$

Gleichung 72

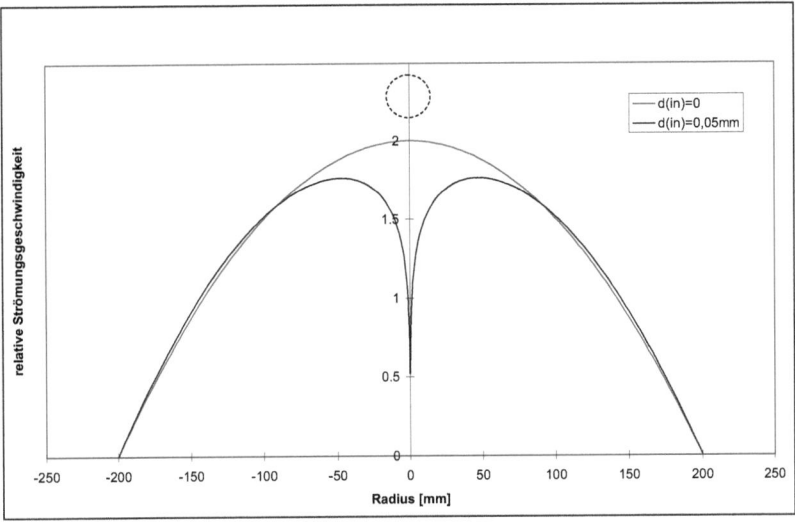

Abbildung 64: Radiales Strömungsprofil in der Kolonne

Zu Beginn der Messung befindet sich der Flüssigkeitsspiegel in der Höhe h_0 unterhalb des oberen Flansches, die Kugel bzw. das Agglomerat in der Höhe h_K und zum Zeitpunkt t ist der Spiegel auf den Stand h (auch vom oberen Flansch gemessen) abgesunken. Die benetzte Fadenlänge beträgt:

$$l = h_K - h$$

Gleichung 73

Die Widerstandskraft des Fadens kann aus dem inneren Wandreibungsanteil der Längsströmung zwischen zwei konzentrisch angeordneten Rohren hergeleitet werden [69]:

Auswertung

$$F_{W,Fi} \equiv K_{\eta,in} = \left(\frac{K_{\eta,in}}{K_{\eta,a}}\right) \lambda \frac{l}{d_{gl}} A_{gl} \tfrac{1}{2} \rho_{fl} \bar{v}^2 \qquad \text{Gleichung 74}$$

mit
$$\lambda = \frac{64}{Re} \qquad \text{Gleichung 75a}$$

bzw.
$$\lambda = \frac{0{,}316}{\sqrt[4]{Re}} \qquad \text{Gleichung 75b}$$

Gleichung 75a gilt bei laminarer Rohrströmung ($Re < 2320$) und 75b nach **B**LASIUS [70] für glatte turbulente Strömung ($2320 < Re < 10^5$).

Der gleichwertige Durchmesser steht mit der Querschnittsfläche in Flussrichtung in folgender Verbindung:

$$A_{gl} = \tfrac{1}{4} \pi d_{gl}^2 \qquad \text{Gleichung 76}$$

Die Re-Zahl für die Strömung in der Kolonne berechnet sich nach:

$$Re = \frac{\bar{v} d_{gl} \rho_L}{\eta_L} \qquad \text{Gleichung 77}$$

Mit der folgenden Beziehung, die für den verwendeten Versuchsaufbau den Wert 0,05891225 hat

$$\left(\frac{K_{\eta,i}}{K_{\eta,a}}\right) = \frac{d_a^2 - d_i^2 \left(1 + 2\ln\frac{d_a}{d_i}\right)}{d_i^2 - d_a^2 \left(1 - 2\ln\frac{d_a}{d_i}\right)} \qquad \text{Gleichung 78}$$

ergibt sich für den Strömungswiderstand des Drahtes zur Fixierung unter laminaren Strömungsbedingungen (Verwendung von Formel 75a):

$$F_{W,F} = \frac{d_a^2 - d_i^2 \left(1 + 2\ln\frac{d_a}{d_i}\right)}{d_i^2 - d_a^2 \left(1 - 2\ln\frac{d_a}{d_i}\right)} 8\pi \eta_L \bar{v} l \qquad \text{Gleichung 79}$$

Auswertung

Der Fadenauftrieb beträgt:

$$\boxed{F_{B,Fi} = \tfrac{1}{4}\pi d_{in}^2 l \rho_{fl} = F_{B,Fi,0} - \Delta F_{B,Fi}}$$ Gleichung 80

Die anfängliche Auftriebskraft $F_{B,F,0}$ wird wegtariert, so dass nur die Änderung des Auftriebs nach Gleichung 81 während des Ablaufens des Strömungsmediums berücksichtigt werden muss.

$$\boxed{\Delta F_{B,Fi} = \tfrac{1}{4}\pi d_{in}^2 (h - h_0) \rho_{fl}}$$ Gleichung 81

Die Waage zeigt nunmehr eine Gesamtkraft an, die sich aus den Widerstandskräften des Probekörpers und der Fixierung sowie der Auftriebsänderung des Fixierungsdrahtes zusammensetzt:

$$\boxed{F_{W,ges} = F_{W,K} + F_{W,Fi} + \Delta F_{B,Fi}}$$ Gleichung 82

Abbildung 65 zeigt diese Kräfte und das Beispiel einer realen Messung. Die Verläufe der Widerstands- und Auftriebskräfte sind bei der Versuchsanordnung mit ablaufendem Strömungsmedium Funktionen der Zeit, während sie bei Messungen mit stationärer Anströmung zeitunabhängig sind.

Die gedämpften Schwingungen bei der realen Messung resultieren aus dem schlagartigen Öffnen des Auslassventils, der Reaktion des gesamten Fluidkörpers darauf und dem damit verbundenen Dehnen und Zusammenziehen des Fixierungsdrahtes.

Für laminare Rohrströmungen ist es zur Ausbildung eines entsprechenden Strömungsprofils notwendig, eine Anlaufstrecke nach Querschnittsänderungen bzw. Einbauten zu gewährleisten. Die Länge dieser Anlaufstrecke wird in [71] angegeben zu:

$$\boxed{l_{Anlauf} = 0{,}13 \, Re \, d_{min}}$$ Gleichung 83

Auswertung

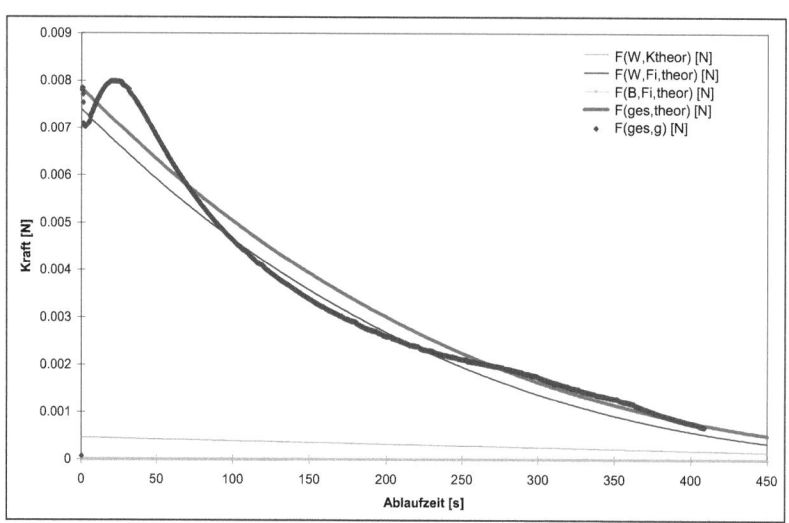

Abbildung 65: Verlauf einer experimentell ermittelten Gesamtwiderstandskraft im Vergleich mit den berechneten addierten Teilwiderständen

Aus diesem Grund und um die anfänglich hohe Schwingungsamplitude zu umgehen fanden nur Ablaufhöhen von 1m bis 2,2m (d.h. 1m unterhalb des Strömungsbeginns bis ca. 1m oberhalb des Probekörpers) Berücksichtigung in der Auswertung in den folgenden Kapiteln.

6.2 Varianten zum Vergleich mit Kugeln

Ausgehend vom Kräftegleichgewicht, das sich während der Sedimentation ergibt,

$$\rho_{fs} \cdot g \cdot \frac{\pi}{6} \cdot d_{fs}^3 - \rho_{fl} \cdot g \cdot \frac{\pi}{6} \cdot d_{fs}^3 = \frac{\pi}{4} \cdot d_{fs}^2 \cdot \frac{\rho_{fl}}{2} \cdot w_{sed}^2 \cdot C_W(Re)$$ Gleichung 84

stehen fünf Varianten zum Vergleich von Agglomeratstrukturen mit Vollkugeln zur Verfügung.

Variante I: wird in der Fachliteratur auch als sedimentationsäquivalent bezeichnet und bezieht sich auf gleiche Dichte und Sedimentationsgeschwindigkeit der Körper, während sich der C_W-Wert und die Größe ändern

Auswertung

Variante II: wird häufig als projektionsflächenäquivalent bezeichnet und bezieht sich auf die gleiche Dichte und Projektionsfläche, während sich die Sedimentationsgeschwindigkeit und der C_W-Wert ändern

Variante III: die Sedimentationsgeschwindigkeit und die Projektionsfläche sind konstant und die Dichte und der C_W-Wert ändern sich

Variante IV: die Dichte und das Volumen (und somit auch die Masse) sind konstant und die Sedimentationsgeschwindigkeit und der C_W-Wert ändern sich

Variante V: die Geschwindigkeit und der C_W-Wert bleiben gleich, wobei sich die Dichte und die Größe ändern können

Einschränkungen sind dann zu machen, wenn von der Größe des Agglomerates gesprochen wird. Ein Agglomerat ist nicht immer, wie eine Kugel, durch Angabe einer geometrischen Größe (für eine Kugel der Durchmesser) gleichzeitig in seiner Projektionsfläche und dem Volumen eindeutig bestimmt. Deshalb sollte Gleichung 84 umgeschrieben und besser in der Form verwendet werden.

$$\boxed{g \cdot V_A \cdot (\rho_A - \rho_{fl}) = A_j \cdot \frac{\rho_{fl}}{2} \cdot w_{sed}^2 \cdot C_W(Re)}\qquad\text{Gleichung 85}$$

Anschaulich kann diese Problematik an der Variante V verdeutlicht werden. Durch Angabe der Geschwindigkeit und des C_W-Wertes für die Sedimentation einer Kugel ist diese auch in den anderen relevanten Größen festgelegt (allgemein durch Festlegung des C_W-Wertes und einer kugelrelevanten Größe, die auch in der Re-Zahl vorkommt). Für ein Agglomerat muss die Beziehung zwischen Volumen und Projektionsfläche bekannt sein, damit durch Vorgabe eines Wertes der andere auch bestimmt ist.

Für weitere Auswertungen hat es sich als sinnvoll erwiesen, aus entsprechend ermittelten C_W-Werten die dazugehörige Re-Zahl ermitteln zu können. Als Grundlage wurden die nach Gleichung 54 im Kapitel 5.1 berechneten Werte verwendet. Aus mathematischer Sicht muss einerseits wegen des lokalen Minimums bei einer Re-Zahl von ca. 4400 und andererseits aus regressionstechnischer Sicht jedoch eine Unterteilung in 5 Bereiche vorgenommen werden. In der Abbildung 66 ist die zusammengesetzte Funktion Re=f(C_W), die aus der abschnittsweisen Regression mit **TABLE CURVE 2D** erhalten wurde, grafisch dargestellt.

Auswertung

Die Berechnungsgleichungen für die einzelnen Bereiche und ihre Gültigkeitsabschnitte stellen sich mit einer Abweichung von max. 1% des Re-Zahlwertes gegenüber $C_W=f(Re)$ nach Gleichung 1 im Kapitel 2.1 folgendermaßen dar:

Bereich 1 $\boxed{Re = 24 / C_W}$ für ca. $10^{-7} < Re < ca. 5 \cdot 10^{-3}$ Gleichung 86

Bereich 2 $\boxed{Re = (a + c \cdot C_W^{0,5}) / (1 + b \cdot C_W^{0,5} + d \cdot C_W)}$ Gleichung 87

für ca. $5 \cdot 10^{-3} < Re < ca. 10$

(a= -2689.22744; b= 90.5307586;
c= -0.38221398; d= -112.636075)

Bereich 3

Gleichung 88

$$\boxed{Re = a + b/C_W + c/C_W^2 + d/C_W^3 + e/C_W^4 + f/C_W^5 + g/C_W^6 + h/C_W^7 + i/C_W^8 + j/C_W^9 + k/C_W^{10}}$$

für ca. $10 < Re < 2,1 \cdot 10^3$

(a=0.13326713; b=16.9668811; c=174.588357;
d=-595.440268; e=1476.0876; f=-2047.48002;
g=1761.08564; h=-936.827529; i=302.387761;
j=-54.6172582; k=4.26250201)

Bereich 4

Gleichung 89

$$\boxed{Re = (a + c \cdot C_W^2 + e \cdot C_W^4 + g \cdot C_W^6 + i \cdot C_W^8) / (1 + b \cdot C_W^2 + d \cdot C_W^4 + f \cdot C_W^6 + h \cdot C_W^8 + j \cdot C_W^{10})}$$

für ca. $2,1 \cdot 10^3 < Re < 4,4 \cdot 10^3$

(a=-459.569798; b=-28.5370874; c=-18166.6551;
d=85.416508; e=753207.157; f=4388.20689;
g=-7813702.5; h=-49362.9983; i=25573075.1;
j=154738.462)

Auswertung

Bereich 5

Gleichung 90

$$Re = (a + b \cdot C_W^2 + c \cdot C_W^4 + d \cdot C_W^6 + e \cdot C_W^8 + f \cdot C_W^{10}) / (1 + g \cdot C_W^2 + h \cdot C_W^4 + i \cdot C_W^6 + j \cdot C_W^8 + k \cdot C_W^{10})$$

für ca. $4{,}4 \cdot 10^3 < Re < 28 \cdot 10^3$

(a=2975.7983; b=-67998.874; c=95193.74;
d=8017431.6; e=-66353256; f=148745580;
g=41.995301; h=670.71534; i=-5079.4066;
j=18170.211; k=-24578.14)

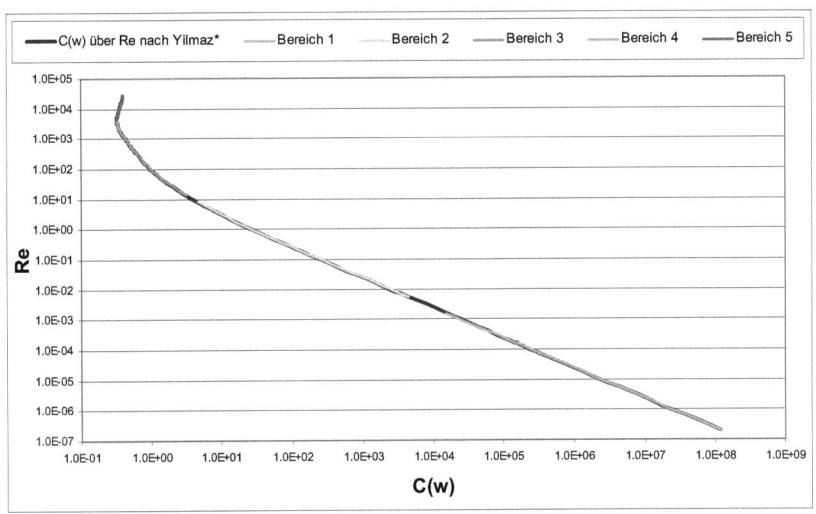

Abbildung 66: Grafische Darstellung der Re-Zahl als Funktion des C_W-Wertes auf Basis der *YILMAZ*-Funktion (Gleichung 54)

6.3 Modellierung für den Laminarbereich

Um die komplexen Agglomeratstrukturen und die damit verbundenen komplexen Strömungsvorgänge in und um sie herum in ihren wichtigsten physikalischen Auswirkungen allgemein verständlich darzustellen, wurde eine Modellierung mit der einfachen Geometrie der Kugel als Grundstruktur durchgeführt. Die Kugel als Modell

Auswertung

wurde mit einer bestimmten Anzahl von geraden Röhren bzw. Kapillaren versehen, um im Gegensatz zum vorherigen Kapitel, zusätzlich zur Umströmung auch die Durchströmungseffekte zu berücksichtigen. Die Anzahl, der Durchmesser und die Position der Kapillaren wurden in Anlehnung der Porenstruktur der Agglomeratstrukturen gewählt. Diese wurden allerdings modellhaft nur in Richtung der Anströmung des Fluids weit vor dem Probekörper und nicht quer angeordnet. Eine Berücksichtigung der real vorkommenden Querströmungen innerhalb des Porensystems erfolgte nicht.

6.3.1 Berechnung der projektionsflächenäquivalenten Kugelwiderstände

Wie bereits in den vorhergehenden Kapiteln erwähnt, werden die ermittelten Widerstandskräfte für die Agglomeratstrukturen mit denen der unter gleichen Bedingungen ermittelten projektionsflächenäquivalenten Kugelwiderstände verglichen. Als Grundlage wurden zunächst aus den Kugelwiderständen für VO32 und VO14 die Widerstandsdaten für Kugeln der projektionsflächenäquivalenten Durchmesser 30,18mm (Fraktalagglomerate FO32-2-1296-o, FO32-2-1296-t und FO32-2-1296-o) und 30,41mm (Kugelagglomerate KO32-8-32-o und KO32-8-32-g) berechnet.

Zur Korrektur der Abweichung der Messwerte von der Theorie (additive Zusammensetzung der theoretischen Teilwiderstände) nach Gleichung 57a bzw. 57b in Kapitel 5.3.1 wurde stellvertretend für die Gesamtabweichung der Strömungswiderstand des Fadens mit dem Faktor 0,912 versehen. Damit besteht im arithmetischen Mittel kein Unterschied mehr zwischen den theoretischen und den Messwerten für die Kugelversuche.

Mit Hilfe der Regressionsebenen der gemessenen Kugeln VO32 und VO14 wurden die Ebenen für die Kugeln berechnet, die die gleiche Projektionsfläche aufweisen wie die Agglomerate. Diese befinden sich etwas unterhalb der rot dargestellten und oberhalb der grünen Ebene in Abbildung 43 Kapitel 5.3.1. Zur Berechnung wurde die Differenz der Ebenen (mathematisch beschrieben durch die Formeln 55 und 56 Kapitel 5.3.1) gebildet und mit einem Faktor versehen. Dieser Faktor setzt sich aus dem Verhältnis der Differenz des Durchmessers 32mm und des projektionsäquivalenten Kugeldurchmessers der Agglomerate und der Differenz der Durchmesser 32mm und 14 mm (gleich 18mm) zusammen.

Auswertung

$$F_{W,ges,b,VO30,41} = F_{W,ges,g,VO32} - \frac{(32mm - 30,41mm)}{(32mm - 14mm)} \cdot (F_{W,ges,g,VO32} - F_{W,ges,g,VO14})$$

Gleichung 91a

$$F_{W,ges,b,VO30,18} = F_{W,ges,g,VO32} - \frac{(32mm - 30,18mm)}{(32mm - 14mm)} \cdot (F_{W,ges,g,VO32} - F_{W,ges,g,VO14})$$

Gleichung 91b

Um repräsentativ auf eine zweidimensionale Darstellung zurückgreifen zu können, wurden die Linien der Ebenen der Kugeln mit denen der Agglomerate bei einer Fadenlänge von 1,10m zueinander ins Verhältnis gesetzt (vergl. Abbildung 44 in Kapitel 5.3.1 rote Linie). Auf Grund der Fadenlängenunabhängigkeit der Widerstandsmessungen in dem betrachteten Bereich ist dies berechtigt.

6.3.2 Berechnung des Modells

Als Grundlage wurden in der nachfolgenden Tabelle die ermittelten geometrischen und strömungstechnisch relevanten Größen für die in diesem Strömungsbereich untersuchten durchströmbaren und nicht durchströmbaren Agglomeratstrukturen zusammengetragen. Die Berechnungsvorschriften für die geometrischen Daten sind im Einzelnen Kapitel 4.1.3 zu entnehmen.

	KO32-8-32-o	KO32-8-32-g	FO32-2-1296-o	FO32-2-1296-t	FO32-2-1296-g
n_{PP}	32	32	36	36	36
N	32	32	1296	1296	1296
d_{PP} [m]	0.008	0.008	0.002	0.002	0.002
d_i [m]	0.03041	0.03041	0.03018	0.03018	0.03018
A_i [m^2]	7.264E-04	7.264E-04	7.155E-04	7.155E-04	7.155E-04
$A_{O,in}$ [m^2]	3.720E-03	-	1.382E-02	4.423E-03	-
$A_{O,ges}$ [m^2]	6.434E-03	3.167E-03	1.629E-02	7.238E-03	3.353E-03
V_{fs} [m^3]	8.579E-06	1.086E-05	5.429E-06	6.183E-06	9.643E-06
E_i [%]	41.75	26.27	62.29	57.06	33.02
$F_{W,A} / F_{W,K}$	0.85	0.75	4.08	2.27	0.50
$n_{P,grob}$	16	0	18	18	0
$n_{P,fein}$	0	0	648	0	0

Tabelle 6: Strukturparameter und Messwerte der Agglomeratstrukturen im Laminarbereich mit Fixierung und Anströmung von oben

Auswertung

Zur Berechnung der Verhältnisse der Widerstandskräfte der Agglomeratstrukturen zu denen der projektionsflächenäquivalenten Kugeln wurden für alle Probekörper die Teilwiderstände, die durch die mechanische Fixierung verursacht wurden, abgezogen.

Der Übersichtlichkeit halber wurden in Abbildung 67 exemplarisch nur die Widerstände der Fraktalagglomerate über der Geschwindigkeit aufgetragen. Wegen der Messungenauigkeiten wurde ein Sicherheitsintervall von ±0,00015 N um die Messwertlinien gelegt. Das entspricht der maximalen Schwingung der Messwerte durch das schlagartige Öffnen des Ablaufventils. Nur die Geschwindigkeitsbereiche, in denen mindestens dieser signifikante Unterschied in den Messwerten zu verzeichnen ist, wurden in die weitere Auswertung einbezogen. Verdeutlicht wird dies in Abbildung 68, wo unterschiedlich große Geschwindigkeitsbereiche zur Verhältnisberechnung Berücksichtigung fanden.

Die in Tabelle 6 aufgeführten Werte für die Verhältnisse stellen die arithmetischen Mittelwerte über den jeweiligen Geschwindigkeitsbereich dar. Die in den folgenden Kapiteln beschriebene Modellierung basiert auf der analogen Vorstellung, die Porosität einer Schüttung von Partikeln durch Einführung von Kapillaren zu simulieren. Dies ist eine weit verbreitete Methode und wird bspw. bereits in [72] beschrieben. Für die Größe der Kapillaren ist der so genannte hydraulische Durchmesser eingeführt worden. Dieser hängt entscheidend von den geometrischen- und Schüttguteigenschaften des Partikelsystems ab. Für die hier betrachteten Agglomeratsysteme werden prinzipiell ähnlich wirksame Poren eingeführt, die aber auf Vorschlag von [73] gleichmäßig über der Anströmfläche verteilt sein sollten.

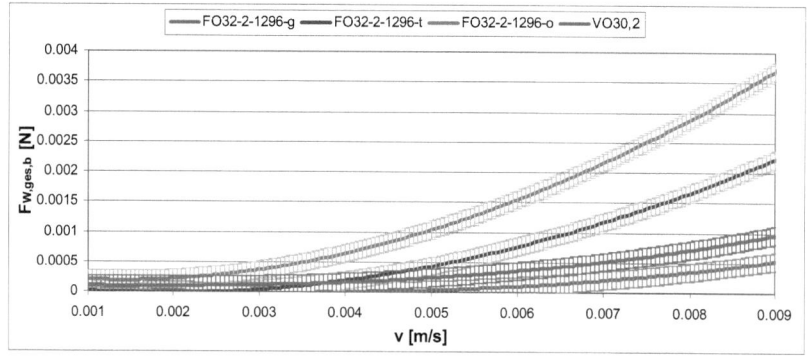

Abbildung 67: Widerstandskräfte der Fraktalagglomerate und der projektionsflächenäquivalenten Kugel mit Sicherheitsintervallen

Auswertung

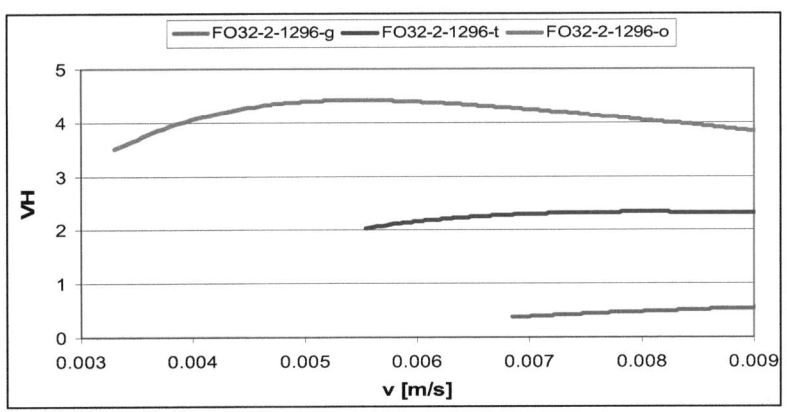

Abbildung 68: Verhältnisse der Widerstandskräfte der Fraktalagglomerate zu dem der projektionsflächenäquivalenten Kugel

6.3.2.1 Offene Agglomeratstrukturen

Zur Modellierung der offenen Agglomeratstrukturen wird als Grundlage die Vollkugel gewählt. Zur Berücksichtigung der Durchströmungseffekte wird diese Vollkugel in einem weiteren Schritt mit einer entsprechenden Anzahl von Poren versehen. Das Ziel ist dabei, mit Hilfe der weitestgehend ähnlich geometrischen Größen die gleichen strömungstechnisch relevanten Auswirkungen der Widerstandskraft und des C_W-Wertes zu erreichen.

Die Modellierung erfolgte entsprechend der im Folgenden erläuterten Schritte.

Schritt 1: *Wahl der projektionsflächenäquivalenten Kugel*
- aus Ergebnissen der Bildanalyse

Schritt 2: *Berechnung des Verhältnisses der Widerstände*
- siehe Kapitel 6.3.1 und 6.3.2

Schritt 3: *Ermittlung der Porenanzahl*
- siehe Kapitel 4.1.3 zur Bestimmung der Gesamtanzahl und weiter im Zusammenhang mit Schritt 5

Schritt 4: *Festlegung des Durchmessers der Poren*
- entweder zum Erreichen der gleichen Porosität oder der gleichen inneren bzw. gesamten Oberfläche (siehe Kapitel 4.1.3) eine Übereinstimmung der Porosität und der Oberfläche ist gleichzeitig nicht möglich

Auswertung

- dazu ist die Bestimmung der Länge der Poren notwendig, die zunächst als mittlere Länge unter einem Winkel θ=45° festgelegt ist (siehe Abbildung 69 linke Darstellung); dort wird die Projektionsfläche der Kugel halbiert (siehe rechte Darstellung in Abbildung 69 mit grüner bzw. blauer Teilfläche)

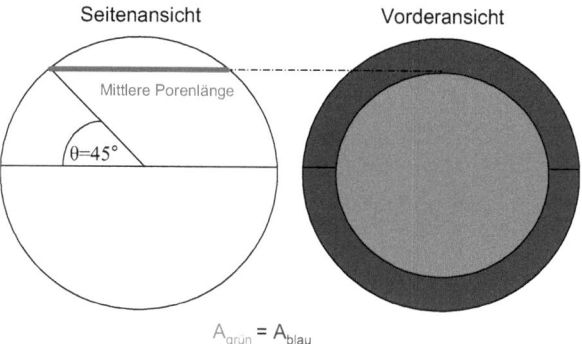

Abbildung 69: Schematische Darstellung der mittleren Porenlänge und zur Porenverteilung

Schritt 5: Bestimmung der Lage der Poren
- zur Gewährleistung einer möglichst symmetrischen Kräfteverteilung über der gesamten Anströmfläche müssen die Poren gleichmäßig über die Projektionsfläche verteilt werden (das ist genau genommen nicht möglich, da bei der Anordnung von Kreisen in einem Kreis immer Ungleichverteilungen auftreten)
- das muss zunächst für die vertikale Verteilung gelten, damit der Ansatz der mittleren Porenlänge Gültigkeit findet
- Bsp. FO32-2-1296-o
  1 Pore mit l=30,18mm; 3 Poren mit l=27,98mm; 5 Poren mit l=22,35mm; 9 Poren mit l=17,59mm; das ergibt eine Gesamtlänge von 384,18mm auf 18 Poren verteilt – das entspricht einer durchschnittlichen Porenlänge von 21,34mm = 30,18mm · cos (45°)

Auswertung

- als Ansatz wurden die Poren auf einer entsprechenden Anzahl von Bahnen angeordnet (siehe Abbildung 70); die Radien der Kreisringe und die dazugehörige Anzahl von groben Poren sind in der Tabelle 7 angegeben

	M	n in M	a [mm]	n auf a	b [mm]	n auf b	c [mm]	n auf c	d [mm]	n auf d
KO32-8-32-o	0	0	2,85	1	6,65	2	9,50	5	12,35	8
FO32-2-1296-o	0	1	5,66	3	10,14	5	12,26	9		
FO32-2-1296-t	0	1	5,66	3	10,14	5	12,26	9		

Tabelle 7: Anordnung der groben Poren auf den Bahnen

- Bsp. FO32-2-1296-o

  Die Bestimmung der Anzahl der feinen Poren erfolgte ähnlich, aber es wurde davon ausgegangen, dass die Poren im Gegensatz zum realen Agglomerat über die gesamte Länge durchgängig angeordnet sind; aus der bekannten Anzahl der Primäragglomerate wurde zunächst die Gesamtporenlänge ermittelt; d.h. 18 Poren pro Primäragglomerat und mit deren Anzahl von 36 multipliziert ergibt 648 Poren mittlerer Länge der Primäragglomerate (5,34mm); das entspricht einer Gesamtporenlänge von 3460,32mm; das wiederum entspricht unter Betrachtung des Fraktalagglomerates in der zweiten Stufe einer Anzahl von 162 Poren dessen mittlerer Porenlänge von 21,34mm (s.o. Berechnung der Anzahl der groben Poren)

- In Tabelle 8 ist eine mögliche Anordnung der 162 feinen Poren unter Angabe der Anzahl und des Radius der entsprechenden Bahnen aufgeführt

r [mm]	n auf Bahn
2.12	3
2.83	4
3.54	5
4.24	6
5.19	8
6.13	10
7.07	12
8.02	14
9.20	16
10.37	18
11.79	20
12.97	22
14.15	24

Tabelle 8: Anordnung der feinen Poren auf den Bahnen für FO32-2-1296-o

Auswertung

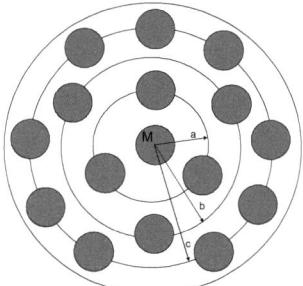

Abbildung 70: Eine mögliche Anordnung von 16 Poren über die Anströmfläche

- Prinzipiell ist es möglich, die Poren auf unendlich viele verschiedene Arten unter den oben genannten Kriterien anzuordnen

Schritt 6: *Berechnung der Widerstandskraft auf der Kugeloberfläche*
- Nach der in Kapitel 2.2 angegebenen Gleichung 19 kann der Druck und nach Gleichung 24 die Schubspannung in Abhängigkeit vom Umfangswinkel θ berechnet werden und liefert durch Integration über die gesamte Oberfläche den nach Gleichung 23 berechneten Wert für den Druck und den nach Gleichung 25 für die Reibung
- Bsp. für Kugel d=30,18mm beträgt für v=0,007m/s F_D=0,000119465N und F_R=0.000238929N

Schritt 7: *Berechnung der Widerstandskraft an den Stellen, wo Poren platziert werden*
- Mit den in den Schritten 3, 4 und 5 getroffenen Aussagen wird der Widerstand an den Stellen berechnet, wo die Poren platziert werden
- Beim Einbringen von Poren in eine Kugel entstehen in Richtung des Umfangswinkels θ unsymmetrische, gekrümmte ellypsenähnliche Flächenelemente der Kugeloberfläche (oder sogen. *VIVIANISCHE* Flächen [74] siehe Abbildung 71)
- Auf Grund der schwierigen Handhabung bei der Integration über beide Umfangswinkel wurden diese unförmigen Ausschnitte durch flächenäquivalente, gekrümmte trapezähnliche Flächen ersetzt (Flächenäquivalenz des rot gestrichelten Bereiches mit dem blau eingerahmten Bereich in Abbildung 71)

Auswertung

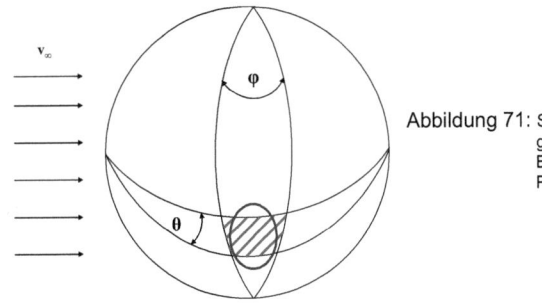

Abbildung 71: Schematische Darstellung der gleichgesetzten Flächen für die Berechnung des Druckes am Poreneintritt

Schritt 8: **Berechnung der Druck- und Reibungskräfte für die Poren**
- Über die Länge, den Durchmesser und die Lage der Poren sowie der bekannten Druckdifferenz kann deren Druckwiderstand berechnet werden (siehe Gleichung 26 in Kapitel 2.4.1)
- Auf Grund der Gleichheit von Druck- und Reibungskraft kann der Reibungswiderstand mit Hilfe von Formel 27 oder 28 in Kapitel 2.4.1 berechnet werden

Schritt 9: **Bestimmung der Widerstandkraft des Modells Kugel mit Poren**
- Von dem in Schritt 6 berechneten Widerstand der Vollkugel werden die in Schritt 7 berechneten Widerstandsanteile der nun von Poren besetzten Kugeloberfläche durch die Widerstände der Poren (Schritt 8) selbst ersetzt

Mit dieser Vorgehensweise kann jedoch nicht die Widerstandskraft der Modelle mit der der Agglomerate in Übereinstimmung gebracht werden. Der maximal erreichbare Widerstand der Modelle ist immer kleiner als der gemessene Widerstand der Agglomeratstrukturen. Deshalb ist es notwendig, die zusammengehörigen Kräfte aus Druck und Reibung durch ideelle Maßnahmen zu erhöhen. Dies kann prinzipiell durch die Einflussgrößen Porendurchmesser und Porenlänge erfolgen. Es wurde sich deshalb dazu entschieden, die Porenlängen über die Grenzen der Kugel hinaus zu vergrößern und zwar in dem Maße, um den sich die Gesamtwiderstandswerte bzw. die c_W-Werte der Agglomeratstrukturen von denen der Modelle unterscheiden. Das Ersetzen von z.B. bestimmten Einbauteilen durch eine entsprechende Verlängerung der geraden

Auswertung

Leitungslänge, die den gleichen Strömungsverlust hervorruft [75], ist in der Rohrhydraulik ein durchaus gängiges Mittel.

Im Folgenden entspricht der Gesamtwiderstand der Modelle denen der Agglomerate. Die Modelle bestehen aus mit Poren versehenen Kugeln, wobei die Poren in eine Richtung über die Kugelgrenzen hinausragen. Von den hinausragenden Porenteilen wird aber nur der innere Anteil der Reibungskraft wirksam und der erhöhte Druckwiderstand. Zur Veranschaulichung ist ein solches Modell mit den wirksamen Kräften in Abbildung 72 schematisch dargestellt.

Schritt 10: Bestimmung der notwendigen Länge der Poren

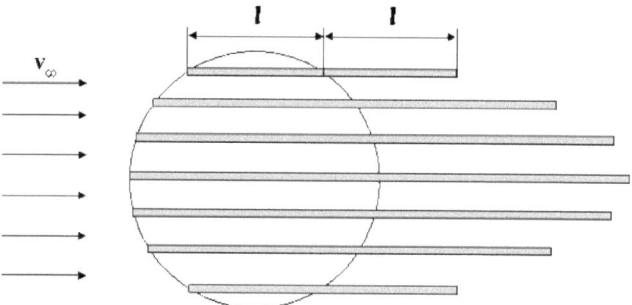

Abbildung 72: Schematische Darstellung eines Modells mit doppelter Porenlänge

Alle oben aufgeführten Schritte der Berechnungen der Modelle sind im Anhang B als folgende Excell-Dateien nachvollziehbar: 06221-FO32-2-1296-o (B1-B3); 06221-FO32-2-1296-t (B4-B6) und 06221-KO32-8-36-o (B7-B9). Dort sind auch die hier nicht erwähnten Stoffdaten des Fluids mit aufgeführt.

Stellvertretend für die Modellierung der drei in diesem Strömungsbereich untersuchten offenen Agglomeratstrukturen ist an dieser Stelle die Berechnung für das Agglomerat FO32-2-1296-t aufgeführt.

Schritt 1: Wahl der projektionsflächenäquivalenten Kugel
  Aus Bildanalyse $d_{j,g}$=30,18mm

Auswertung

Schritt 2: **Berechnung des Verhältnisses der Widerstände**

Ausgehend von der Datengrundlage der experimentellen Untersuchungen des Agglomerates FO32-2-1296-t und den Kugeln VO32 und VO14 wurden zunächst dreidimensionale Regressionsebenen in TABLE CURVE 3D erstellt. Die Gleichungen für die Ebenen der Gesamtwiderstände lauten:

$$F_{W,ges,g,FO32-2-1296-t} = 0{,}00012676125 - 11{,}284344 \cdot v^2 \cdot \ln(v) + 0{,}00006528757 \cdot l^3$$

Gleichung 92

$$\ln(F_{W,ges,g,VO32}) = -11{,}827388 - \frac{32{,}503308}{\ln(v)} - 2{,}3636092 \cdot e^{-l}$$

Gleichung 93

$$\ln(F_{W,ges,g,VO14}) = -11{,}888414 - \frac{32{,}814728}{\ln(v)} - 2{,}7812172 \cdot e^{-l}$$

Gleichung 94

Aus den Ebenen von VO32 und VO14 wurde die Ebene für eine Kugel VO30,18 berechnet:

$$F_{W,ges,VO30,18} = F_{W,ges,g,VO32} - \frac{(32mm - 30{,}18mm)}{(32mm - 14mm)} \cdot (F_{W,ges,g,VO32} - F_{W,ges,g,VO14})$$

Gleichung 95

Danach wurden die Teilwiderstände der Fixierung von den beiden Ebenen für FO32-2-1296-t und VO30,18 abgezogen.

$$F_{W,VO30,18} = F_{W,ges,VO30,18} - 0{,}912 \cdot F_{W,Fi,theor} - \Delta F_{B,Fi}$$

Gleichung 96

$$F_{W,VO30,18} = F_{W,ges,VO30,18} - 0{,}912 \cdot (0{,}05891225 \cdot 8 \cdot \pi \cdot \eta \cdot v \cdot l) - \frac{\pi}{4} d_{Fi}^2 (H - h_0) \rho_{fl}$$

Gleichung 97

$$F_{W,FO32-2-1296-t} = F_{W,ges,g,FO32-2-1296-t} - 0{,}912 \cdot (0{,}05891225 \cdot 8 \cdot \pi \cdot \eta \cdot v \cdot l) - \frac{\pi}{4} d_{Fi}^2 (H - h_0) \rho_{fl}$$

Gleichung 98

Bei 1,10m benetzter Fadenlänge wurden die beiden Funktionen (siehe Abbildung 73) ins Verhältnis gesetzt und über den Geschwindigkeitsbereich der arithmetische Mittelwert gebildet, der einen signifikanten Unterschied der reinen Körperwiderstände

Auswertung

aufweist. Das sind in diesem Fall die Anströmgeschwindigkeiten von v=0,00555m/s bis v=0,009m/s.

Das Verhältnis des Widerstandes des Agglomerates FO32-2-1296-t zu dem der Kugel VO30,18 beträgt 2,27.

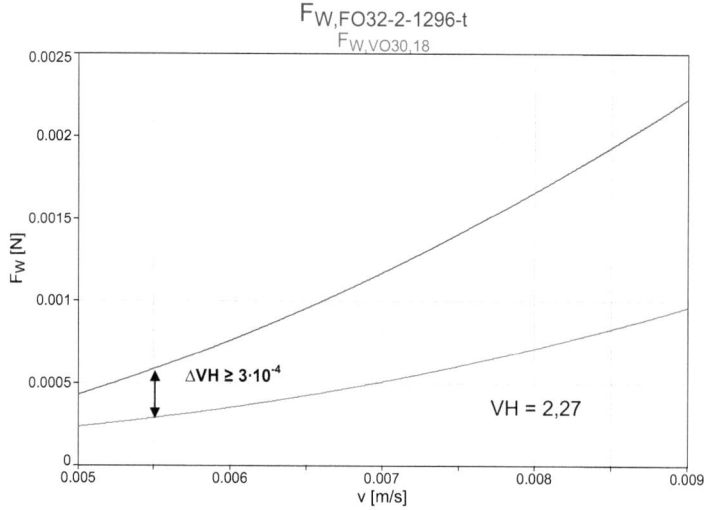

Abbildung 73: Widerstände des Fraktalagglomerates FO32-2-1296-t und der Vollkugel VO30,18

Schritt 3: *Ermittlung der Porenanzahl*

Die Primäragglomeratanzahl beträgt 36 und damit die Porenanzahl 18 (die Hälfte).

Schritt 4: *Festlegung des Durchmessers der Poren*

Variante 1: Die Porosität des Agglomerates ε= 57,05% soll mit der des Modells übereinstimmen. Der projektionsflächenäquivalente Kugeldurchmesser des Agglomerates wurde mittels Bildanalyse zu 30,18mm bestimmt. Damit beträgt das Volumen der Kugel 1,43971E-05mm³. Das Feststoffvolumen des Agglomerates wurde über die Summierung von 36 gefüllten Primäragglomeraten bestimmt.

Das Volumen eines gefüllten Primäragglomerates berechnet sich aus dem Volumen einer 6mm-Kugel (Bereich der vollständigen Wachsfüllung) plus 28 ausgezählten 2mm-Halbkugelkalotten $V_{fs,PA}$= 1,717402778E-07mm³.

Auswertung

Damit hat das Fraktalagglomerat ein Feststoffvolumen von $V_{fs,PA}$=6,18265E-06mm³. Die Porosität wird durch das Verhältnis Hohlraumvolumen zu Gesamtvolumen zum o.g. Wert von ε=57,05% bestimmt. Aus dem Hohlraumvolumen des Agglomerates kann man über die bekannte Anzahl der Poren sowie der errechneten mittleren Länge deren Durchmesser zu d_P=5,22mm bestimmen. Die mittlere Länge der Poren beträgt 21,34mm (aus cos45°•30,18mm).

Variante 2: Die Gesamtoberfläche des Agglomerates soll mit der des Modells übereinstimmen. Die Gesamtoberfläche des Agglomerates errechnet sich über die Summe der Oberfläche von 36 Primäragglomeraten. Diese wiederum ergibt sich aus der Oberfläche einer 6mm-Kugel plus der Oberfläche von 28 Halbkugelkalotten und abzüglich der nun besetzten Oberflächenteile der 6mm-Kugel. Die Gesamtoberfläche des Agglomerates beträt A_O=0,00724m². Die gleiche Oberfläche wurde angesetzt, um wiederum mit der bekannten Anzahl und mittleren Länge der Poren deren Durchmesser zu berechnen. Der auf diesem Wege berechnete Durchmesser der groben Poren beträgt d_P= 4,31mm.

Variante 3: Die innere Oberfläche des Agglomerates soll mit der des Modells übereinstimmen. Zur Bestimmung der inneren Oberfläche des Agglomerates wurden von der Gesamtoberfläche die äußere Oberfläche abgezogen. Die äußere Oberfläche setzt sich dabei aus jeweils der Hälfte der Oberfläche der 28 außen liegenden gefüllten Primäragglomerate zusammen. Bei der inneren Oberfläche des Agglomerates von $A_{O,in}$=0,0044m² beträgt der Durchmesser der groben Poren des Agglomerates d_P=4,31mm.

Schritt 5: *Bestimmung der Lage der Poren*

Die Bestimmung der Lage der Poren erfolgte willkürlich unter der Maßgabe, dass sie möglichst gleichmäßig über den angeströmten Querschnitt verteilt sein sollen. Ausgehend von einer mittleren Länge der Poren von 21,34mm (cos45°•30,18mm) beträgt die insgesamt zu verteilende Länge aller Poren 384,22mm. In diesem Beispiel wurde diese Gesamtlänge der 18 groben Poren folgendermaßen auf der Anströmfläche

Auswertung

verteilt: 1 Pore im Zentrum; 3 Poren auf einer konzentrischen Kreisbahn des Durchmessers von 11,32mm; 5 Poren auf einer zweiten Kreisbahn mit dem Durchmesser von 20,28mm und 9 Poren auf einer dritten Kreisbahn mit dem Durchmesser von 24,52mm.

Schritt 6: *Berechnung der Widerstandskraft auf der Kugeloberfläche*
Die Druckwiderstandskraft der Kugel berechnet sich nach STOKES [13] folgendermaßen:

$$F_D = 3 \cdot \pi \cdot r \cdot \eta \cdot v \cdot \int_0^\pi cos^2(\theta) \cdot sin(\theta) d\theta \qquad \text{Gleichung 99}$$

und beträgt F_D=0.0001195 N. Die Wandschubspannung kann ebenso über die Kugeloberfläche integriert werden

$$F_R = 3 \cdot \pi \cdot r \cdot \eta \cdot v \cdot \int_0^\pi sin^3(\theta) d\theta \qquad \text{Gleichung 100}$$

und ergibt für unser Beispiel einen Reibungswiderstand F_R=0.000238929 N. Damit ergibt sich der Gesamtwiderstand der Kugel durch Addition zu F_{ges}=0.000358394 N.

Schritt 7: *Berechnung der Widerstandskraft an den Stellen, wo Poren platziert werden für die Variante 2 (gleiche gesamte Oberfläche)*
Dazu wurden die Druck- und Reibungskräfte auf die gleiche Art und Weise über die entsprechenden Stellen der Oberfläche der Kugel integriert. Für die zentral angeordnete Pore für die Druckkraft nach folgender Gleichung:

$$F_D = 3 \cdot \pi \cdot r \cdot \eta \cdot v \cdot \int_0^{8,2°} cos^2(\theta) \cdot sin(\theta) d\theta \qquad \text{Gleichung 101}$$

Für die dezentral angeordneten Poren nach folgenden Gleichungen:

$$F_D = \frac{3}{2} \cdot \frac{v \cdot \eta}{r} \cdot \int_0^{35,1°} \int_{13,4°}^{31,2°} cos^2(\theta) \cdot r^2 \cdot sin(\theta) d\theta d\varphi \qquad \text{Gleichung 102}$$

Auswertung

$$F_D = \frac{3}{2} \cdot \frac{v \cdot \eta}{r} \cdot \int_0^{31,9°}\int_{31,9°}^{54,6°} \cos^2(\theta) \cdot r^2 \cdot \sin(\theta) d\theta d\varphi \quad \text{Gleichung 103}$$

$$F_D = \frac{3}{2} \cdot \frac{v \cdot \eta}{r} \cdot \int_0^{15,9°}\int_{42,0°}^{72,8°} \cos^2(\theta) \cdot r^2 \cdot \sin(\theta) d\theta d\varphi \quad \text{Gleichung 104}$$

Die Schubspannungen wurden analog nach folgender Gleichung für die zentral angeordnete Pore integriert:

$$F_R = 3 \cdot \pi \cdot r \cdot \eta \cdot v \cdot \int_0^{8,2°} \sin^3(\theta) d\theta \quad \text{Gleichung 105}$$

und für die dezentral angeordneten nach folgenden Gleichungen

$$F_R = \frac{3}{2} \cdot \frac{v \cdot \eta}{r} \cdot \int_0^{35,1°}\int_{13,4°}^{31,2°} \sin^3(\theta) \cdot r^2 d\theta d\varphi \quad \text{Gleichung 106}$$

$$F_R = \frac{3}{2} \cdot \frac{v \cdot \eta}{r} \cdot \int_0^{19,3°}\int_{31,9°}^{54,6°} \sin^3(\theta) \cdot r^2 d\theta d\varphi \quad \text{Gleichung 107}$$

$$F_R = \frac{3}{2} \cdot \frac{v \cdot \eta}{r} \cdot \int_0^{15,9°}\int_{42,0°}^{72,8°} \sin^3(\theta) \cdot r^2 d\theta d\varphi \quad \text{Gleichung 108}$$

Die Ergebnisse der Gleichungen 102 und 106 wurden mit der Anzahl der Poren 3 auf dieser Bahn multipliziert, die Ergebnisse der Gleichungen 103 und 107 entsprechend mit 5 und die Ergebnisse der Formeln 104 und 108 mit 9 multipliziert. Die so erhaltenen Widerstände müssen noch verdoppelt werden (jeweils für die Anström- und Abstromseite der Kugel). Für die Gesamtdruckkraft ergibt sich somit ein Wert von F_D=4,91E-05N und für die gesamte Reibungskraft F_R=6,00E-05N. Insgesamt würde an den Stellen, wo die Poren angeordnet sind, eine Widerstandskraft von 1.09E-04N angreifen.

Bei den Varianten 1 und 3 wird analog zu dieser Vorgehensweise verfahren. Unterschiedlich sind dann die Porendurchmesser und die Integrationsgrenzen anzusetzen. Dadurch ergeben sich dann auch andere Widerstandswerte für die Gesamtanzahl der Poren.

Auswertung

Schritt 8: **Berechnung der Druck- und Reibungskräfte für die Poren**

Die Druckdifferenz, die zwischen Ein- und Ausgang der Poren in Strömungsrichtung auftritt, kann nach folgender Formel berechnet werden:

$$\Delta p = \frac{3}{2} \cdot \frac{\eta \cdot v}{r} \cdot \cos^2 \theta \cdot 2 \qquad \text{Gleichung 109}$$

In der Abbildung 74 ist schematisch die Zuordnung der Winkel θ zu den Bahnen sowie den angreifenden Drücken dargestellt. Diese Größen beziehen sich jeweils auf den Mittelpunkt des Porenquerschnitts.

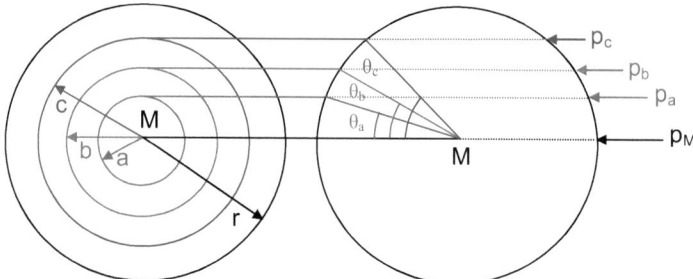

Abbildung 74: Schematische Darstellung der Zuordnung der Umfangswinkel und der Drücke auf den Kreisbahnen für die Poren

Mit Hilfe der Druckdifferenz kann nach Gleichung 110 die Druckkraft in der Pore berechnet werden.

$$F_D = \pi \cdot r^2 \cdot \Delta p \qquad \text{Gleichung 110}$$

Für die Berechnung der Reibungskräfte in den Poren braucht man nicht zwingend über den Schubspannungsansatz zu gehen, sondern kann die Gleichheit der Druck- und Reibungskraft für die laminare Rohrströmung nutzen.

$$F_D = F_R \qquad \text{Gleichung 111}$$

In der nachfolgenden Tabelle 8 sind alle relevanten Größen für diesen Schritt zahlenmäßig aufgeführt.

Auswertung

Bahn	r [mm]	n [/]	θ [°]	l_P [mm]	p [Pa]	Δp [Pa]	F_D [N]	F_R [N]
M	0	1	0	30.18	0.1227	0.2454	3.58E-06	3.58E-06
a	5.66	3	22.02	27.98	0.1076	0.2153	9.43E-06	9.43E-06
b	10.14	5	42.21	22.35	0.0687	0.1374	1.00E-05	1.00E-05
c	12.26	9	54.34	17.59	0.0426	0.0851	1.12E-05	1.12E-05

Tabelle 8: Ausgangsgrößen, Druck- und Reibungskräfte der Porenanordnung für das Agglomerat FO32-2-1296-t

Die Summierung der insgesamt 18 Poren für das Modell des Agglomerates FO32-2-1296-t, bezogen auf die gleiche gesamte Oberfläche (Variante 2) auf den drei Bahnen und im Zentrum, ergibt eine Widerstandskraft von 6,85E-05 N.

Nun sind alle Teilwiderstände berechnet und man kann die gesamte Widerstandskraft für das Kugelmodell mit Poren ermitteln.

Schritt 9: *Bestimmung der Widerstandkraft des Modells Kugel mit Poren*

Zur Bestimmung der gesamten Widerstandskraft des Modells werden die in den Schritten 6, 7 und 8 ermittelten Teilwiderstände zusammengefasst zu:

$$\boxed{F_{ges,Mod} = (F_{D,K} + F_{R,K}) - (F_{D,PE} + F_{R,PE}) + (F_{D,P} + F_{R,P})} \qquad \text{Gleichung 112}$$

Für diese Gestaltung des Modells ergibt sich eine Gesamtwiderstandskraft von 0,0003214 N.

Schritt 10: *Bestimmung der notwendigen Länge der Poren*

Für das Agglomerat FO32-2-1296-t wurde aber eine Widerstandskraft von 0,0008148 N gemessen, was dem 2,27-fachen der Widerstandskraft der Vollkugel VO30,18 entspricht. Die Platzierung der Poren in Anlehnung an die Porenstruktur des Agglomerates verringert die gesamte Widerstandskraft sogar. Um dieses Modell prinzipiell beibehalten zu können, wurde sich unter den verschiedenen Möglichkeiten für eine Variation und Vergrößerung der Porenlänge um den Faktor 8,21 entschieden (vgl. Klammerausdruck 3 auf der rechten Seite der Gleichung 112), damit die Gesamtwiderstände von Agglomerat und Modell übereinstimmen.

Auswertung

Die Schritte 1 bis 10 wurden analog für die beiden anderen Agglomeratstrukturen sowie für die drei Varianten durchgeführt. Die Verhältnisse der gemessenen Widerstandskraft der Agglomerate zur projektionsflächenäquivalenten Kugel, die sich aus den Berechnungen ergebenden Faktoren der Porenlängen und die Porendurchmesser sind in der folgenden Tabelle 9 aufgeführt.

	KO32-8-32-o			FO32-2-1296-t			FO32-2-1296-o		
	ϵ_j	$A_{O,in}$	$A_{O,ges}$	ϵ_j	$A_{O,in}$	$A_{O,ges}$	ϵ_j	$A_{O,in}$	$A_{O,ges}$
VH		0.846			2.273			4.082	
Faktor	0.820	0.031	0.291	6.212	10.714	8.207	11.704	16.139	13.264
$d_{P,grob}$	4.770	3.441	3.772	5.217	3.665	4.312	5.217	3.665	4.312
$d_{P,fein}$	-	-	-	-	-	-	0.527	0.865	0.861

Tabelle 9: Verhältnisse und Geometriedaten für die durchströmbaren Agglomerate im Laminarbereich

6.3.2.2 Geschlossene Agglomeratstrukturen

Die Modellierung der geschlossenen Agglomeratstrukturen konnte auf Grund von lediglich zwei gemessenen Körpern, die strukturell trotzdem sehr unterschiedlich sind, nur in Form von empirisch ermittelten Faktoren erfolgen.

Dazu wurden zunächst die Verhältnisse der Oberflächen der Agglomerate zu denen der projektionsflächenäquivalenten Kugeln ermittelt (s. Tabelle 10). Diese Wahl wurde getroffen, da unter der Vielzahl der geometrischen Daten zur Beschreibung der Agglomeratstrukturen die Oberfläche diejenige ist, auf die sich alle relevanten anderen Größen (z.B. das Verhältnis des Durchmessers der Primärpartikel zu dem des Agglomerates, die Stufenzahl, die Projektionsfläche, die Anzahl der Kugelkalotten auf der Agglomeratoberfläche usw.) direkt oder indirekt auswirken. Weiterhin kann zunächst vom physikalischen Verständnis davon ausgegangen werden, dass unter laminaren Strömungsbedingungen, d.h. bei niedrigen Re-Zahlen, der Einfluss der Reibung entscheidend sein muss und dieser wiederum maßgeblich von der Oberfläche des umströmten Körpers abhängt. Eine Einbeziehung von mehr Struktur beschreibenden Größen ist andererseits auch nicht sinnvoll, da keine Auswertung von mehr als den zwei vermessenen Körpern stattfinden konnte und somit die Modellierung lediglich hypothetischer Natur sein kann.

Dieses Verhältnis muss man im Fall des Agglomerates KO32-8-32-g mit dem Faktor 0,689 multiplizieren, um auf das ermittelte Verhältnis der Widerstandskräfte bzw. der c_W-Werte zu kommen. Das Agglomerat FO32-2-1296-g ist auf die gleiche Art und Weise mit dem Faktor 0,428 zu versehen.

Auswertung

Name	d_j [m]	A_j [m²]	$A_{O,A}$ [m²]	$A_{O,K}$ [m²]	VH (A_O)	VH (C_W)	VH (VH)
KO32-8-32-g	3.041E-02	7.264E-04	3.167E-03	2.905E-03	1.090	0.750	0.689
FO32-2-1296-g	3.018E-02	7.155E-04	3.353E-03	2.862E-03	1.172	0.502	0.428

Tabelle 10: Faktorermittlung für die geschlossenen Agglomeratstrukturen unter laminaren Strömungsverhältnissen

6.3.3 Allgemeiner Ansatz für Agglomeratstrukturen

Betrachtet man alle untersuchten Agglomeratstrukturen im Zusammenhang können einige qualitative Aussagen über das Verhalten in Strömungen getroffen werden. In Tabelle 11 sind die Verhältnisse der Oberflächen der betrachteten Agglomeratstrukturen zu denen der projektionsflächenäquivalenten Kugeln sowie die Verhältnisse der C_W-Werte dieser Körper in tabellarischer Form und in Abbildung 75 grafisch im Diagramm dargestellt. Die Reihenfolge der aufgeführten Agglomeratstrukturen wurde dabei willkürlich gewählt.

Ein Vergleich der Agglomerate untereinander zeigt, dass diese Verhältnisse qualitativ korrelieren. Das heißt, dass die gesamte umströmte Oberfläche (innere und äußere) einen maßgeblichen Einfluss auf den Widerstand und folglich den C_W-Wert der Strukturen hat.

Körper	Nr.	d_j [m]	$A_{O,A}$ [m²]	$A_{O,K}$ [m²]	VH $A_{O,A}/A_{O,K}$	VH $C_{W,A}/C_{W,K}$
KO32-8-32-o	1	3.041E-02	6.434E-03	2.905E-03	2.214	0.846
KO32-8-32-g	2	3.041E-02	3.167E-03	2.905E-03	1.090	0.750
FO32-2-1296-o	3	3.018E-02	1.629E-02	2.862E-03	5.690	4.082
FO32-2-1296-t	4	3.018E-02	7.238E-03	2.862E-03	2.529	2.273
FO32-2-1296-g	5	3.018E-02	3.353E-03	2.862E-03	1.172	0.502

Tabelle 11: Verhältnisse der Oberflächen und der C_W-Werte der Agglomerate zu denen der projektionsflächenäquivalenten Kugeln

In Abbildung 75 sind auch als Trendlinien die Polynomfunktionen vierten Grades eingefügt. Diese Polynome gehen bei der Wahl des Grades von der um eins verminderte Anzahl der Punkte, die sie beschreiben soll, genau durch alle Punkte. Daraus resultiert auch das maximale Bestimmtheitsmaß von eins. Dabei ist die Reihenfolge der Körper bzw. der sich ergebenden Punkte nicht von Bedeutung. Durch das Auftragen bzw. die Division der Verhältnisse ergibt sich auch eine Unabhängigkeit von der physikalisch nicht begründeten Abszisseneinteilung entsprechend der willkürlich gewählten Reihenfolge der aufgetragenen Probekörper.

Auswertung

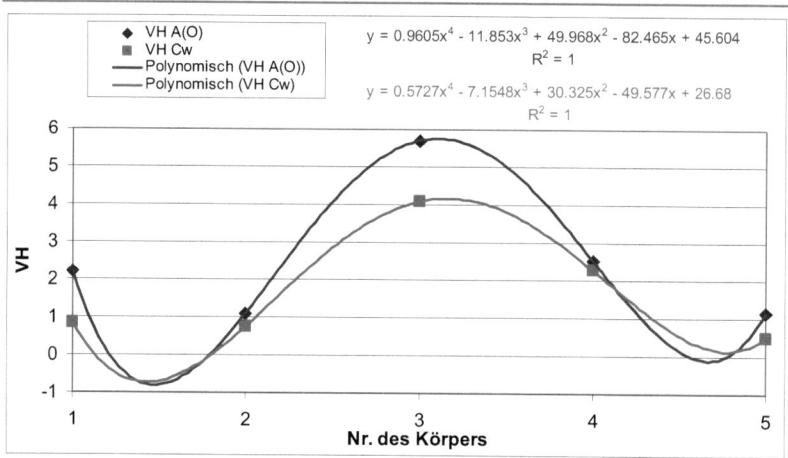

Abbildung 75: Verhältnisse der Oberflächen und der C_W-Werte der Agglomerate zu denen der projektionsflächenäquivalenten Kugeln

Dividiert man nun jeweils die Faktoren gleichartiger Terme bzw. den letzten Summanden für beide Polynome (Gleichungen 113 und 114) ergeben sich die in Tabelle 12 angegebenen Werte.

$$y = a_{A(O)} \cdot x^4 + b_{A(O)} \cdot x^3 + c_{A(O)} \cdot x^2 + d_{A(O)} \cdot x + e_{A(O)}$$ Gleichung 113

$$y = a_{Cw} \cdot x^4 + b_{Cw} \cdot x^3 + c_{Cw} \cdot x^2 + d_{Cw} \cdot x + e_{Cw}$$ Gleichung 114

			n=5	n=4	n=3
	VH A(O)	VH Cw	VH A(O) / VH Cw	VH A(O) / VH Cw	VH A(O) / VH Cw
a	0,96	0,57	1,677	1,574	1,671
b	11,85	7,15	1,657	1,590	1,855
c	49,97	30,33	1,648	1,644	2,075
d	82,47	49,58	1,663	1,743	
e	45,60	26,68	1,709		
Mittelwert			1,671	1,638	1,867
Maximalwert			1,709	1,743	2,075
Minimalwert			1,648	1,574	1,671
max. Abweichung			0,062	0,169	0,404

Tabelle 12: Faktor- und Summandenvergleich der Polynome für eine verschiedene Anzahl von Körpern

Die Werte der Verhältnisse der Faktoren zueinander streben bei steigender Anzahl der Messergebnisse einem gemeinsamen Wert und damit einem bestimmten arithmetischen Mittelwert zu. Dies wird aus der Angabe der Mittel-, Maximal- und

Auswertung

Minimalwerte sowie der maximalen Abweichung auch für eine Anzahl von betrachteten Körpern von drei und vier (letzte und vorletzte Spalte in Tabelle 11) deutlich. Diese Funktionen können für die Vorhersage des zu erwartenden C_w-Wertes für eine nicht experimentell vermessene Agglomeratsstruktur verwendet werden. Bekannt sein müssen lediglich die Oberflächen der Agglomeratstruktur und der projektionsflächenäquivalenten Kugel sowie deren C_w-Wert. Dies ist auf Grund der sehr begrenzten Anzahl der vorliegenden Messwerte natürlich zunächst nur in begrenztem Maße möglich. Bei entsprechender Erweiterung der Messergebnisse werden diese Vorhersagen immer genauer und somit vertrauenswürdiger. Dies gilt natürlich auch für jede andere Art der verknüpften Darstellung der betrachteten physikalischen Größen. Der Umstand, dass für einige Agglomeratstrukturen trotz größerer spezifischer Oberfläche ein niedrigerer C_w-Wert als für die Bezugskugeln gemessen wurde (siehe Tabelle 11 letzte Spalte; VH<1), ist zumindest für den Laminarbereich physikalisch zunächst nicht zu deuten. Die in [52] beschriebenen Sedimentationsuntersuchungen an offenen und geschlossenen Würfel- und Tetraederstrukturen, bestätigen aber für den Re-Zahlbereich von ca. 0,1 bis ca. 10 ausnahmslos dieses Phänomen. Diese Strukturen sind prinzipiell ebenfalls Kugelagglomerate, aber mit geringeren Primärpartikelanzahlen und regulärem Aufbau. In Abbildung 76 sind die C_w-Werte in Abhängigkeit von der Re-Zahl grafisch dargestellt.

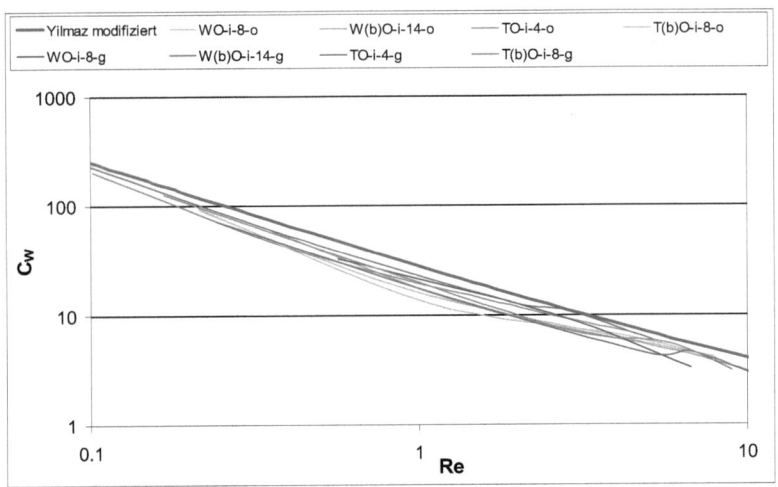

Abbildung 76: C_w-Werte der von [3] gemessenen Würfel- und Tetraederstrukturen in Abhängigkeit von der Re-Zahl

Auswertung

6.4 Modellansatz für den turbulenten Bereich

Für den turbulenten Bereich wurden auch Vollkugeln mit entsprechender Anordnung von Kapillaren als Modellsystem der Agglomeratstrukturen gewählt. Im Gegensatz zum laminaren Bereich, wo die Einführung einer Oberflächenrauhigkeit der Rohrinnenwände keinen Einfluss auf die Strömungsform und den -widerstand hat, kann hier dieser Parameter zusätzlich zur Option Verlängerung der Poren eingesetzt werden.

6.4.1 Berechnung der projektionsflächenäquivalenten Kugelwiderstände

Aus den für die Agglomerate ermittelten Projektionsflächen sowie deren Sinkgeschwindigkeit (siehe Kapitel 5.2) wurde mit Hilfe der Gleichung 1 in Kapitel 2.1 die Re-Zahl bestimmt. Dieser Re-Zahl wurde dann ein C_W-Wert nach Formel 54 in Kapitel 5.1 (modifizierte *YILMAZ*-Gleichung) zugeordnet und mit der nach F_W umgestellten Gleichung 4 in Kapitel 2.2 die Widerstandskraft der Kugeln berechnet.
In Tabelle 13 sind die Werte in der Reihenfolge der Vorgehensweise angegeben.

Name	d_j [10^{-3}m]	ρ_{fl} [kg/m³]	v [m/s]	η [Pa*s]	Re [/]	$C_{W,K}$ [/]	$F_{W,K,b}$ [N]
KV8-2-32-o	7,26	998,204	0,212	0,0010022	1531	0,391	3,62E-04
KV10-2-81-o	9,77	998,204	0,257	0,0010022	2505	0,348	8,64E-04
KV18-2-451-o	17,28	998,204	0,358	0,0010022	6166	0,337	5,06E-03
KV28-2-1918-o	27,43	998,204	0,459	0,0010022	12539	0,371	2,31E-02
FV28-2-1024-o	25,33	998,204	0,290	0,0010022	7317	0,343	7,26E-03
FV28-2-1024-t	25,33	998,204	0,269	0,0010022	6775	0,340	6,17E-03
FV28-2-1024-g	25,95	998,204	0,249	0,0010022	6434	0,338	5,53E-03
KV8-2-32-g	7,39	998,204	0,146	0,0010022	1077	0,433	1,98E-04
KV6-2-14-o	5,45	998,204	0,183	0,0010022	995	0,443	1,73E-04
KV6-2-14-o+1	5,45	998,204	0,267	0,0010022	1449	0,397	3,29E-04
KV6-2-14-o+2	5,45	998,204	0,316	0,0010022	1714	0,379	4,40E-04
FV16-2-196-o	14,50	998,204	0,255	0,0010022	3682	0,333	1,78E-03
FV16-2-196-o+5	14,50	998,204	0,314	0,0010022	4537	0,331	2,69E-03
FV16-2-196-o+10	14,50	998,204	0,359	0,0010022	5178	0,332	3,52E-03
FV16-2-196-t	14,70	998,204	0,238	0,0010022	3483	0,334	1,60E-03
FV16-2-196-t+5	14,70	998,204	0,300	0,0010022	4399	0,331	2,53E-03
FV16-2-196-t+10	14,70	998,204	0,334	0,0010022	4888	0,332	3,13E-03
FV16-2-196-g	14,90	998,204	0,231	0,0010022	3425	0,334	1,55E-03
FV16-2-196-g+5	14,90	998,204	0,293	0,0010022	4350	0,331	2,47E-03
FV16-2-196-g+10	14,90	998,204	0,329	0,0010022	4883	0,332	3,12E-03
KO6-1,5-30-o	5,63	998,204	0,154	0,0010022	865	0,463	1,37E-04
KO6-1,5-30-o+1	5,63	998,204	0,203	0,0010022	1139	0,425	2,18E-04
KO6-1,5-30-g	5,75	998,204	0,127	0,0010022	729	0,488	1,02E-04
KO6-1,5-30-g+2	5,75	998,204	0,202	0,0010022	1159	0,423	2,25E-04

Auswertung

Name	d_i [10^{-3}m]	ρ_{fl} [kg/m³]	v [m/s]	η [Pa*s]	Re [/]	$c_{W,K}$ [/]	$F_{W,K,b}$ [N]
KO6-1,5-30-g+4	5,75	998,204	0,258	0,0010022	1476	0,395	3,40E-04
FO21-1,5-900-g+16	19,45	998,204	0,219	0,0010022	4249	0,331	2,36E-03
FO21-1,5-900-g+42	19,45	998,204	0,271	0,0010022	5247	0,333	3,62E-03
FO21-1,5-900-g+72	19,45	998,204	0,316	0,0010022	6126	0,337	4,99E-03
FO21-1,5-900-t	19,45	998,204	0,223	0,0010022	4312	0,331	2,43E-03
FO21-1,5-900-t+30	19,45	998,204	0,275	0,0010022	5327	0,333	3,73E-03
FO21-1,5-900-t+48	19,45	998,204	0,324	0,0010022	6268	0,337	5,24E-03
FO21-1,5-900-o+35	19,27	998,204	0,239	0,0010022	4586	0,331	2,75E-03
FO21-1,5-900-o+75	19,27	998,204	0,292	0,0010022	5603	0,334	4,14E-03
FO21-1,5-900-o+106	19,27	998,204	0,339	0,0010022	6502	0,339	5,66E-03
FV28-2-1024-o (20Hz)	24,68	998,204	0,009	0,0010022	223	0,726	1,42E-05
FV28-2-1024-o (50Hz)	24,68	998,204	0,023	0,0010022	575	0,526	6,88E-05
FV28-2-1024-t (20Hz)	24,68	998,204	0,009	0,0010022	223	0,726	1,43E-05
FV28-2-1024-t (50Hz)	24,68	998,204	0,023	0,0010022	577	0,525	6,92E-05
FV28-2-1024-g (20Hz)	24,68	998,204	0,009	0,0010022	224	0,725	1,43E-05
FV28-2-1024-g (50Hz)	24,68	998,204	0,023	0,0010022	577	0,526	6,91E-05
FV28-2-1024-o (20Hz)	24,68	998,204	0,009	0,0010022	226	0,723	1,45E-05
FV28-2-1024-o (25Hz)	24,68	998,204	0,012	0,0010022	287	0,663	2,16E-05
FV28-2-1024-o (30Hz)	24,68	998,204	0,014	0,0010022	347	0,621	2,96E-05
FV28-2-1024-o (35Hz)	24,68	998,204	0,016	0,0010022	404	0,590	3,81E-05
FV28-2-1024-o (40Hz)	24,68	998,204	0,019	0,0010022	460	0,566	4,73E-05
FV28-2-1024-o (45Hz)	24,68	998,204	0,021	0,0010022	522	0,543	5,84E-05
FV28-2-1024-o (50Hz)	24,68	998,204	0,024	0,0010022	583	0,524	7,03E-05

Tabelle 13: Projektionsflächenäquivalente Kugelwiderstände für die Agglomeratsedimentation

6.4.2 Berechnung des Modells

Grundlage für die Berechnung der Modelle bildet immer das Verhältnis der Widerstandskräfte bzw. der C_W-Werte der Agglomeratstrukturen (siehe Tabelle 3 in Kapitel 5.2 letzte Spalte) zu denen der projektionsflächenäquivalenten Vollkugeln (siehe Tabelle 13 in Kapitel 6.4.1 letzte Spalte).

6.4.2.1 Kugelagglomerate

Die Vorgehensweise der Modellierung für den turbulenten Bereich entspricht weitgehend der im laminaren Bereich. Der einzige Unterschied, der hier gemacht werden kann ist, dass die Widerstände der Poren durch modellhaft eingefügte Rauhigkeiten erhöht werden kann. Jedoch ist auch hier in den meisten Fällen die Durchströmung der Poren laminar (auch wenn die Umströmung der Kugel turbulent ist!), so dass auch hier keine Auswirkungen der Oberflächenrauhigkeit im Inneren der Poren auf die Widerstandskraft zu verzeichnen ist.

Auswertung

In Tabelle 14 sind alle relevanten geometrischen Daten sowie Mess- und berechnete Werte für die offenen Kugelagglomerate mit einem Primärpartikeldurchmesser von 2 mm und 1,5 mm aufgeführt. Die dreifache Spaltenunterteilung für die Körper entspricht bei den entsprechenden Größen den drei betrachteten Varianten; der Erreichung der gleichen Porosität, inneren bzw. gesamten Oberfläche des Modells mit dem Agglomerat.

Die Kugelagglomerate wurden mit der halben Primärpartikelanzahl an Poren versehen, die je nach Variante Durchmesser zwischen 0,341 mm und 1,113 mm haben. Die ermittelten Porositäten schwanken zwischen 15,74 % und 43,1 %. Die niedrigen ermittelten Porositäten für die Varianten „gleiche innere Oberfläche" und „gleiche gesamte Oberfläche" sind natürlich selbst mit der dichtesten regulären Anordnung von Kugeln, der kubisch flächenzentrierten Packung mit einer minimalen Porosität von 26 % [76], normalerweise nicht zu erreichen. Sie entstehen durch die Modellvorstellung des Einfügens von einer bestimmten Anzahl von Poren bestimmten Durchmessers und sind somit rein hypothetischer Natur.

	KV8-2-32-o			KV10-2-80-o			KV18-2-451-o			KV28-2-1918-o		
	ε_j	$A_{O,in}$	$A_{O,ges}$	ε_j	$A_{O,in}$	$A_{O,ges}$	ε_j	$A_{O,in}$	$A_{O,ges}$	ε_j	$A_{O,in}$	$A_{O,ges}$
d_A [mm]	7.26			9.774			17.275			27.431		
$F_{W,A,g}$ [N]	0.000494			0.001231			0.006826			0.029207		
$F_{W,K,b}$ [N]	0.000362			0.000864			0.005059			0.023076		
VH F_W zur VK	1.365			1.425			1.349			1.266		
Faktor F	1.370	1.542	1.268	1.348	1.531	1.256	1.141	1.413	1.244	1.131	1.513	1.333
$d_{P,grob}$ [mm]	1.014	0.901	1.106	0.842	0.752	0.900	0.613	0.511	0.567	0.436	0.341	0.377
Anzahl	16			40			225			959		
$d_{P,fein}$ [mm]	-			-			-			-		
Anzahl	-			-			-			-		
ε_j [%]	33.10	26.13	39.37	31.46	25.14	35.98	30.01	20.87	25.73	25.66	15.74	19.25
$A_{O,in}$ [m²]	0.000232			0.000653			0.004411			0.019943		
$A_{O,ges}$ [m²]	0.000402			0.001005			0.005667			0.024102		
	KV6-2-14-o			KV6-2-14-o+1			KV6-2-14-o+2					
	ε_j	$A_{O,in}$	$A_{O,ges}$	ε_j	$A_{O,in}$	$A_{O,ges}$	ε_j	$A_{O,in}$	$A_{O,ges}$			
d_A [mm]	5.454			5.454			5.454					
$F_{W,A,g}$ [N]	0.000217			0.000432			0.000591					
$F_{W,K,b}$ [N]	0.000173			0.000329			0.000440					
VH F_W zur VK	1.251			1.314			1.344					
Faktor F	1.292	1.293	nicht	1.367	1.366	nicht	1.404	1.399	nicht			
$d_{P,grob}$ [mm]	1.113	1.111	möglich	1.110	1.111	möglich	1.107	1.111	möglich			
Anzahl	7			7			7					
$d_{P,fein}$ [mm]	-			-			-					
Anzahl	-			-			-					
ε_j [%]	30.95	30.83		30.77	30.83		30.59	30.83				
$A_{O,in}$ [m²]	0.000094			0.000094			0.000094					
$A_{O,ges}$ [m²]	0.000176			0.000176			0.000176					

Auswertung

	KO6-1,5-30-o			KO6-1,5-30-o+1		
	ε_j	$A_{O,in}$	$A_{O,ges}$	ε_j	$A_{O,in}$	$A_{O,ges}$
d_A [mm]	5.625			5.625		
$F_{W,A,g}$ [N]	0.000176			0.000287		
$F_{W,K,b}$ [N]	0.000137			0.000218		
VH F_W zur VK	1.288			1.316		
Faktor F	1.178	1.683	1.534	1.182	1.692	1.541
$d_{P,grob}$ [mm]	0.926	0.641	0.695	0.926	0.641	0.695
Anzahl	15			15		
$d_{P,fein}$ [mm]	-			-		
Anzahl	-			-		
ε_j [%]	43.10	20.67	24.30	43.09	20.67	24.30
$A_{O,in}$ [m²]	0.000120			0.000120		
$A_{O,ges}$ [m²]	0.000212			0.000212		

Tabelle 14: Geometrische Daten, Mess- und berechnete Werte der im turbulenten Bereich betrachteten offenen Kugelagglomerate

Aus dem in Abbildung 77 dargestellten Diagramm sind im Prinzip auch die in der Tabelle 14 aufgeführten Verhältnisse der C_W-Werte der offenen Kugelagglomerate zu denen der projektionsflächenäquivalenten Kugeln (analog zu den Verhältnissen der Widerstandskräfte) ersichtlich.

Die blaue Kurve stellt dabei die modifizierte formelmäßige Beschreibung der von YILMAZ beschrieben Kugelsedimentation dar (siehe Kapitel 5.1). Die hervorgehobenen Punkte auf dieser Linie entsprechen den Re-Zahlen, die für die Agglomerate ermittelt wurden. Die grünen Punkte sind Messwerte von drei gleich aufgebauten Agglomeraten, deren Dichte durch Substitution von Kunststoff-Primärpartikeln durch Stahlpartikel variiert wurde und so mit verschiedenen Geschwindigkeiten und bei verschiedenen Re-Zahlen sedimentiert sind. Das Gleiche gilt für die zwei Messwerte der braunen Linie.

Im Gegensatz dazu stellen die roten Punkte Messwerte der Agglomerate KV8-2-32-o, KV10-2-80-o, KV18-2-451-o sowie KV28-2-1918-o dar. In diesem Fall variiert die Anzahl und Größe der aus Primärpartikeln gleicher Größe aufgebauten Agglomerate und damit ihres Gewichts, ihrer Geschwindigkeit und damit ihrer Re-Zahl (bei annähernd gleicher Dichte).

Für die offenen Kugelagglomeratstrukturen sind in Tabelle 15 die Werte für die Dichte, die Re-Zahl sowie den C_W-Wert aufgeführt.

	KV8-2-32-o	KV10-2-81-o	KV18-2-451-o	KV28-2-1918-o	KV6-2-14-o	KV6-2-14-o+1	KV6-2-14-o+2	KO6-1,5-30-o	KO6-1,5-30-o+1
ρ	1374	1373	1367	1369	1375	1748	2021	1337	1550
Re	1531	2505	6166	12539	995	1449	1714	865	1139
$C_{W,A}$	0.534	0.497	0.454	0.470	0.555	0.521	0.510	0.596	0.560

Tabelle 15: Dichten [kg/m³], Re-Zahlen und C_W-Werte der offenen Kugelagglomeratstrukturen (die Schriftfarbe wurde analog zur Linienfarbe in Abbildung 77 gewählt)

Auswertung

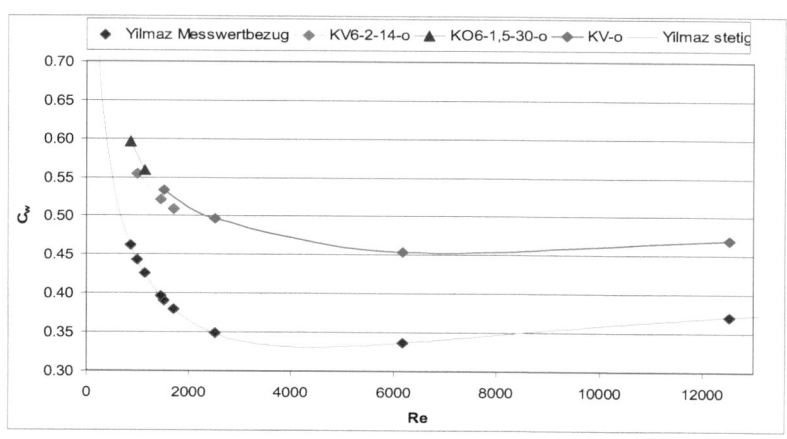

Abbildung 77: C_W-Werte über der Re-Zahl für die offenen Kugelagglomerate

Stellt man sich zunächst die Frage, wie verschiedene Punkte auf der Kurve für die Vollkugeln zu Stande kommen können, gibt prinzipiell zwei Möglichkeiten:
1. der Durchmesser der Kugel wird vergrößert / verkleinert – das hat (bei gleicher Dichte !) zur Folge, dass der Punkt nach rechts / links verschoben wird
2. die Dichte der Kugel wird vergrößert / verkleinert – das hat (bei gleichem Durchmesser !) zur Folge, dass der Punkt nach rechts / links verschoben wird

Natürlich können auch beide Effekte gleichzeitig mit entsprechender Wirkung auftreten. Unterstellt man diesen Sachverhalt auch für offene Kugelagglomerate, dann müssten sich analog alle Punkte auf einer gemeinsamen Kurve befinden. Eine Änderung der Größe der Agglomerate wurde durch die Erhöhung der verbauten Primärpartikelanzahl erzielt. Der Einbau von Stahlkugeln anstatt Kunststoffkugeln bewirkte eine Änderung der Dichte bei ansonsten identischer Struktur.

In Abbildung 78 wurde eine Regression der neun Messwerte für die offenen Kugelagglomerate in **TABLE CURVE 2D** durchgeführt, um eine formelmäßige Beschreibung im betrachteten Re-Zahlbereich zu erhalten. Eine gute Annäherung bietet dafür Gleichung 115:

$$y = a + b \cdot x + \frac{c}{x} + \frac{d \cdot ln(x)}{x^2} + \frac{e}{x^2}$$ Gleichung 115

Die Koeffizienten a, b, c, d und e sind der Abbildung 78 zu entnehmen.

Auswertung

Um einen C_W-Wertbezug zu den Vollkugeln zu bekommen, wurde auch die modifizierte YILMAZ-Gleichung in diesem Re-Zahlbereich mit einer gleichartigen Struktur der Gleichung 115 beschrieben (siehe Abbildung 79, die Koeffizienten sind ebenfalls dort im Diagramm aufgeführt). Dies wurde nur gemacht, um durch einen Koeffizientenvergleich leicht den Bezug zwischen den beiden Körperstrukturen Kugeln – Kugelagglomerate herstellen zu können.

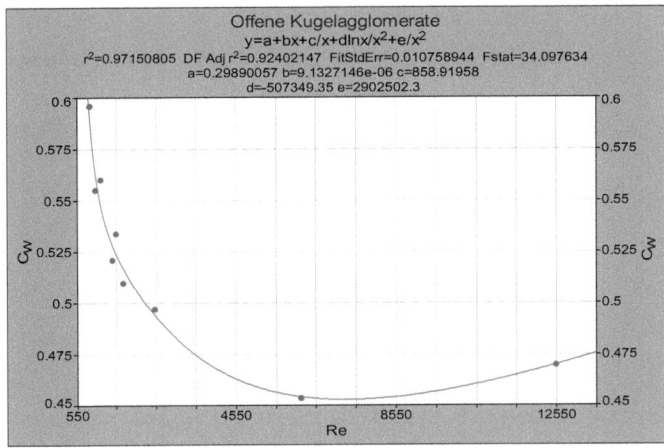

Abbildung 78: *TABLE CURVE*-Regression des C_W-Wert über Re für die offenen Kugelagglomerate

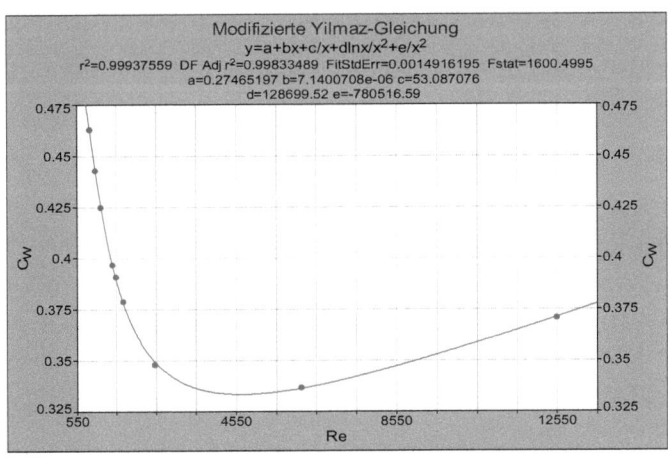

Abbildung 79: *TABLE CURVE*-Regression des C_W-Wert über Re für die modifizierte YILMAZ-Gleichung

Auswertung

Wie man aus dem ähnlichen Kurvenverlauf in den Abbildungen 78 und 79 sowie aus den entsprechenden Werten für die Widerstandsverhältnisse aus Tabelle 14 entnehmen kann, sind diese relativ dicht beieinander (zwischen 1,251 und 1,425). Dies legt den empirischen Ansatz nahe, dass für die offenen Agglomeratstrukturen ein sehr ähnlicher Verlauf der C_W-Wertabhängigkeit von der Re-Zahl im betrachteten Bereich gilt. Bildet man den arithmetischen Mittelwert der neun Verhältnisse, so erhält man einen Wert von 1,324. Dieser Wert gibt eine gute Annäherung für ingenieurtechnische Anwendungen wider, wie auch in Abbildung 80 ersichtlich ist. Dort sind neben den neun Messpunkten noch einmal die modifizierte **YILMAZ**-Gleichung, der Verlauf deren Multiplikation mit dem Faktor 1,324, deren Addition mit 0,127 sowie die Regressionsformel (aus Abbildung 78) grafisch dargestellt.

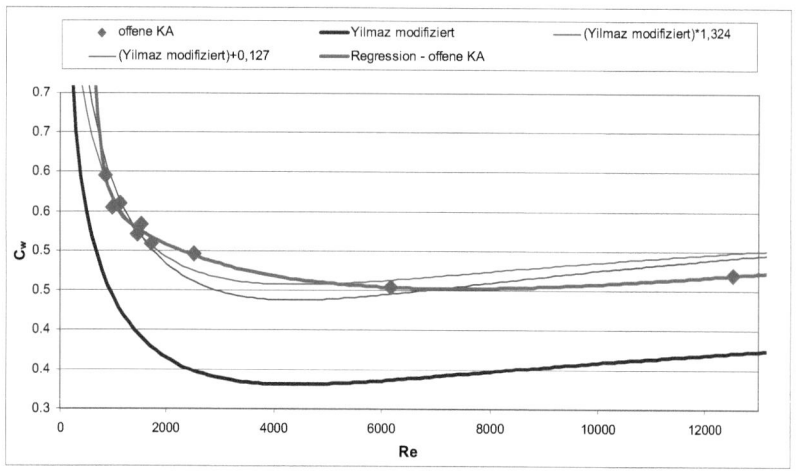

Abbildung 80: C_W-Wert über Re für die offenen Kugelagglomerate im Vergleich mit der Beschreibung für Vollkugeln durch **YILMAZ**

Die so gewonnenen Erkenntnisse erlauben die Interpretation, dass in dem betrachteten Re-Zahlbereich eine allgemein gültige Beschreibung des Sedimentationsverhaltens von kugeligen offenen Agglomeratstrukturen im untersuchten Größenbereich (bezogen auf den Primärpartikeldurchmesser bzw. den projektionsflächenäquivalenten Agglomeratdurchmesser) möglich ist.

Auswertung

Genau wie für Kugeln der Verlauf durch experimentelle Untersuchungen bestimmt wurde, ist durch die Angabe der entsprechenden Größen- und Materialwerte für ein offenes Kugelagglomerat eine widerstandsbestimmende Beschreibung des Sedimentationsverhaltens möglich. Bei bekannten Fluideigenschaften und Angabe von Anzahl und Größe der Primärpartikel (Gleichung 53 in Kapitel 4.1.3 oder aus Bildanalyse) sowie der Materialdichte (ersatzweise der Masse) ist eine Berechnung der zu erwartenden Sedimentationsgeschwindigkeit und der zugehörigen Re-Zahl sowie des wirkenden Widerstandskoeffizienten möglich. Analog zur Kugelrechnung im Übergangsbereich ist trotz Angabe einer Näherungslösung keine explizite Lösung möglich. Deshalb ist eine iterative Berechnung unter Annahme eines sinnvoll geschätzten Anfangswertes für die Re-Zahl, die Sedimentationsgeschwindigkeit oder des C_W-Wertes notwendig.

In Tabelle 16 sind die berechneten Verhältnisse der C_W-Werte bzw. der Widerstandskräfte der geschlossenen Kugelagglomerate zu denen der Referenzkugeln aufgeführt.

Name	v [m/s]	d [m]	ρ_{fs} [kg/m³]	Re	$C_{W,K}$	$C_{W,A}$	$F_{W,K,b}$ [N]	$F_{W,A,g}$ [N]	VH F_W
KO6-1,5-30-g	0.127	0.00575	1246	729	0.488	0.838	0.000102	0.000176	1.72
KO6-1,5-30-g+2	0.202	0.00575	1558	1159	0.423	0.749	0.000225	0.000398	1.77
KO6-1,5-30-g+4	0.258	0.00575	1870	1476	0.395	0.719	0.000340	0.000619	1.82
KV8-2-32-g	0.146	0.00739	1200	1077	0.433	0.787	0.000198	0.000361	1.82

Tabelle 16: Geometrische Daten, Mess- und berechnete Werte der im turbulenten Bereich betrachteten geschlossenen Kugelagglomerate

Eine Regression der C_W-Werte über der Re-Zahl in **TABLE CURVE 2D** ergab folgende Gleichung (siehe grüne Kurve in Abbildung 80):

$$C_W^{-1} = 1{,}083 + 4{,}477 \cdot 10^{-8} \cdot Re^2 \cdot \ln(Re) - 1{,}248 \cdot 10^{-10} \cdot Re^3 \qquad \text{Gleichung 116}$$

Diese Formel kann, genau wie die für die offenen Kugelagglomerate im betrachteten Re-Zahlbereich, allgemein für geschlossene Kugelagglomerate angewendet werden. Auch hier zeigt die Auswertung der Messreihe mit drei verschiedenen Dichten des gleichen Kugelagglomerates KO6-1,5-30-g in Zusammenhang mit dem Messpunkt für eine andere Primärpartikelgröße KV8-2-32-g (bei annähernd gleicher Primärpartikelanzahl), dass eine gemeinsame Abhängigkeit des C_W-Wertes von der Re-Zahl existiert.

Auswertung

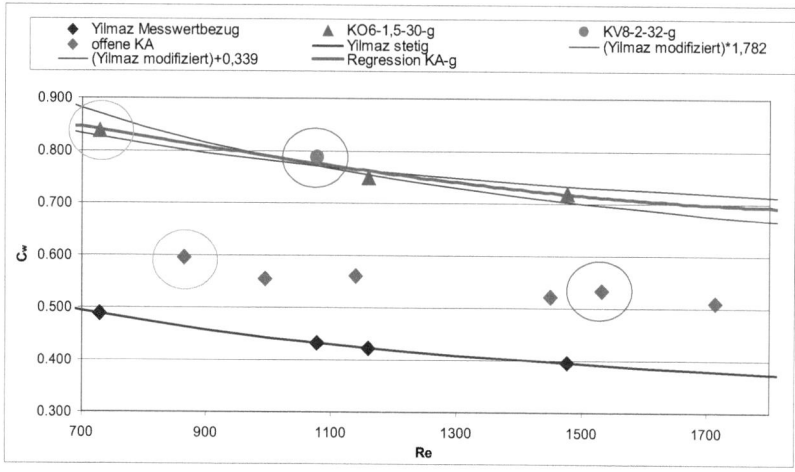

Abbildung 81: C_W-Werte in Abhängigkeit von der Re-Zahl für Kugelagglomerate und Kugeln

Auch für die geschlossenen Kugelagglomerate kann man neben der genauen, aus der Regression stammenden, formelmäßigen Beschreibung einen mathematisch etwas einfacheren Ansatz wählen, indem man die modifizierte YILMAZ-Gleichung entweder mit 1,782 multipliziert (siehe braune Kurve im Diagramm; Gleichung 117) oder um 0,339 bezogen auf die Ordinate nach oben verschiebt (hellblaue Kurve; Gleichung 118). Der Faktor 1,782 stellt dabei den arithmetischen Mittelwert der vier ermittelten Verhältnisse der Widerstandskräfte dar. Der Summand 0,339 ist der arithmetische Mittelwert der Differenzen der C_W-Werte.

$$C_W = \left(\frac{24}{Re} + \frac{3,73}{Re^{0,5}} - \frac{4,83 \cdot 10^{-3} \cdot Re^{0,5}}{1 + 3 \cdot 10^{-6} \cdot Re^{1,5}} + 0,44 \right) \cdot 1,782 \qquad \text{Gleichung 117}$$

$$C_W = \frac{24}{Re} + \frac{3,73}{Re^{0,5}} - \frac{4,83 \cdot 10^{-3} \cdot Re^{0,5}}{1 + 3 \cdot 10^{-6} \cdot Re^{1,5}} + 0,779 \qquad \text{Gleichung 118}$$

In Bezug auf die offenen Kugelagglomerate unterscheiden sich die geschlossenen Kugelagglomerate signifikant. Möchte man die beiden Strukturgruppen zueinander ins Verhältnis setzen, kann man jeweils eine der drei formelmäßigen Beschreibungen wählen. So ist der C_W-Wert der geschlossenen Agglomerate bei Wahl des

Auswertung

arithmetischen Mittelwertes der Differenzen der C_W-Werte um ca. 0,212 größer als die der offenen Agglomerate.

Ein Vergleich der zwei Strukturen KO6-1,5-30 und KV8-2-32, die sowohl offen als auch geschlossen vorliegen, zeigt, dass die offenen Agglomerate einen niedrigeren C_W-Wert bei höheren Re-Zahlen aufweisen als die geschlossenen (siehe Abbildung 81 mit Kreisen gekennzeichnete Punkte).

6.4.2.2 Zweistufige Fraktalagglomerate

Die untersuchten Fraktalagglomerate wurden in der gleichen Art und Weise modelliert wie die Kugelagglomerate. In Tabelle 17 sind die geometrischen Daten, Mess- und berechnete Werte der Fraktalagglomerate FV28-2-1024 im turbulenten Bereich exemplarisch aufgeführt. Für alle anderen betrachteten Strukturen sind diese Werte ebenfalls in tabellarischer Form im Anhang C dargestellt.

	FV28-2-1024-t			FV28-2-1024-o		
	ε_j	$A_{O,in}$	$A_{O,ges}$	ε_j	$A_{O,in}$	$A_{O,ges}$
d_A [mm]	25.326			25.327		
$F_{W,A,g}$ [N]	0.014922			0.014574		
$F_{W,K,b}$ [N]	0.006170			0.007264		
VH F_W zur VK	2.418			2.006		
Faktor F	2.734	2.556	nicht	1.536	1.414	nicht
$d_{P,grob}$ [mm]	3.611	3.768	möglich	3.611	3.768	möglich
Anzahl	16			16		
$d_{P,fein}$ [mm]	-			0.790	0.875	
Anzahl	-			146		
ε_j [%]	34.51	37.57		49.58	56.04	
$A_{O,in}$ [m²]	0.003392			0.010578		
$A_{O,ges}$ [m²]	0.005867			0.012868		

Tabelle 17: Geometrische Daten, Mess- und berechnete Werte der Fraktalagglomerate FV28-2-1024

Bei der teilgefüllten fraktalen Agglomeratstruktur ist ein Erreichen der gleichen gesamten Oberfläche durch Anordnung der entsprechenden Anzahl von Poren (16) mit keinerlei Durchmesserwahl möglich. Die gesamte Oberfläche von 0,005867m² des Agglomerates wäre nur durch Anordnung von Poren zu erreichen, deren Durchmesser so groß sein müsste, dass sie die Dimension der Modellkugel übersteigen würde. Hier konnten nur die Varianten porositätsäquivalent und gleiche innere Oberfläche betrachtet werden.

Auswertung

Um im turbulenten Bereich (turbulente Strömungsform bezieht sich in diesen Betrachtungen immer auf die Umströmung der projektionsflächenäquivalenten Vollkugel) auch den „Freiheitsgrad" Rauhigkeit in der Pore mit einzubeziehen, musste erst eine Bestimmung der Re-Zahl der Durchströmung der Poren vorgenommen werden.

Daraufhin wurde die Strömungsform bestimmt und nur bei auch turbulenter Durchströmung der Poren ein Hinzufügen der Rauhigkeit in das Modell durchgeführt.

Exemplarisch für die Vorgehensweise im turbulenten Bereich sei das Agglomerat FV28-2-1024-o für zwei mögliche Varianten „gleiche innere Oberfläche" und „gleiche Porosität" behandelt. Der grobe Porendurchmesser für die offenen Agglomerate wurde in der gleichen Größe gewählt, wie er vorher für die teilgefüllte Struktur ermittelt wurde. Ausgehend von diesem Durchmesser wurden die Durchmesser der feinen Poren berechnet, um auf den gleichen Strukturwert (ε_j, $A_{O,in}$) zu kommen.

Daraus ergeben sich die in Tabelle 18 dargestellten Re-Zahlen, die zwischen 412 und 2633 für die groben Poren und zwischen 0 und 44 für die feinen Poren liegen. Das bedeutet, dass alle feinen Poren, wenn überhaupt, laminar durchströmt werden. Die Re-Zahl von Null ergibt sich an der Stelle der Anordnung der Bahn der feinen Poren, wo keine Druckdifferenz zwischen Vorder- und Rückseite der Modellkugel vorhanden ist (Bahn q). Dies resultiert aus dem Ansatz, dass der anliegende Druck auf der Vorder- und Rückseite denselben Zahlenwert aufweist.

Von den groben Poren werden für die Variante „gleiche innere Oberfläche" nur die Poren auf den Bahnen a und b turbulent durchströmt, bei der Variante „gleiche Porosität" nur die Poren auf Bahn a (Re>2320; gelb hinterlegte Werte in Tabelle 18). Alle anderen werden, wie die feinen Poren, laminar durchströmt und stehen deshalb einer Verfeinerung des Modells durch Hinzufügen einer Rauhigkeit in den Poren nicht zur Verfügung.

Für die Bahnen a und b wurden in einem weiteren Schritt die erforderliche Rauhigkeit berechnet, die für das Erreichen der gleichen Widerstandskraft des Modells und des Agglomerates bei dieser Strömungsgeschwindigkeit auftritt. Dazu wurde mit Hilfe der Gleichungen 119 bis 122 [77] zunächst der entsprechende Rohrreibungsbeiwert λ iterativ berechnet.

Auswertung

Bahn (d$_P$=0,003768m)	r$_{Bahn}$ [mm]	n$_P$	l$_P$ [mm]	Δp$_P$ [Pa]	Re	v [m/s]	λ$_{glatt}$	F	λ$_{rauh}$	k [mm]	k/d
Variante: gleiche innere Oberfläche											
a	2.37	1	24.88	51.3	2633	0.7015	0.032	1.414	0.045	0.00020	0.0520
b	5.54	2	22.77	33.7	2346	0.6251	0.029	1.414	0.040	0.00120	0.3178
c	7.91	5	19.77	14.5	1222	0.3256	0.052				
d	10.29	8	14.76	4.2	468	0.1248	0.137				
Bahn (d$_P$=0,000875m)											
e	1.78	2	25.08	53.1	44	0.0506	1.453				
f	2.37	3	24.88	51.3	43	0.0492	1.493				
g	2.97	5	24.62	48.9	41	0.0474	1.549				
h	3.56	7	24.30	46.1	39	0.0453	1.622				
i	4.35	8	23.78	41.7	36	0.0418	1.757				
j	5.14	9	23.14	36.5	33	0.0376	1.952				
k	5.94	10	22.37	30.7	29	0.0328	2.242				
l	6.73	12	21.46	24.5	24	0.0272	2.701				
m	7.72	14	20.08	16.2	17	0.0193	3.813				
n	8.71	16	18.39	9.2	10	0.0120	6.133				
o	9.89	18	15.81	5.4	7	0.0082	9.010				
p	10.88	20	12.95	2.4	4	0.0044	16.834				
q	11.87	22	8.81	0.0	0	0.0000	0.000				
Variante: gleiche Porosität											
Bahn (d$_P$=0,003611m)	r$_{Bahn}$ [mm]	n$_P$	l$_P$ [mm]	Δp$_P$ [Pa]	Re	v [m/s]	λ$_{glatt}$	F	λ$_{rauh}$	k [mm]	k/d
a	2.37	1	24.88	51.3	2535	0.7047	0.030	1.536	0.046	0.00039	0.1089
b	5.54	2	22.77	33.7	2155	0.5992	0.030				
c	7.91	5	19.77	14.5	1076	0.2991	0.059				
d	10.29	8	14.76	4.2	412	0.1146	0.155				
Bahn (d$_P$=0,00079m)											
e	1.78	2	25.08	53.1	32	0.0412	1.972				
f	2.37	3	24.88	51.3	32	0.0401	2.027				
g	2.97	5	24.62	48.9	30	0.0387	2.102				
h	3.56	7	24.30	46.1	29	0.0369	2.202				
i	4.35	8	23.78	41.7	27	0.0341	2.385				
j	5.14	9	23.14	36.5	24	0.0307	2.649				
k	5.94	10	22.37	30.7	21	0.0267	3.043				
l	6.73	12	21.46	24.5	17	0.0222	3.666				
m	7.72	14	20.08	16.2	12	0.0157	5.175				
n	8.71	16	18.39	9.2	8	0.0098	8.324				
o	9.89	18	15.81	5.4	5	0.0067	12.229				
p	10.88	20	12.95	2.4	3	0.0036	22.849				
q	11.87	22	8.81	0.0	0	0.0000	0.000				

Tabelle 18:   Re-Zahlen in den Poren für das Modell des Agglomerates FV28-2-1024-o

$$\lambda = \frac{64}{Re} \cdot (1-a) + a \cdot \left[-0{,}868 \cdot \ln\left(\frac{(\ln Re)^{1,2}}{Re} + \frac{k}{3{,}71 \cdot d} \right) \right]^{-2}$$ Gleichung 119

mit $a = e^{-e^{-(0{,}0033 \cdot Re - 8{,}75)}}$ Gleichung 120

$$Re = \frac{v \cdot d \cdot \rho}{\eta}$$ Gleichung 121

$$v = \sqrt{\frac{2 \cdot \Delta p \cdot d}{\lambda \cdot l \cdot \rho}}$$ Gleichung 122

Durch Einsetzen von Null für den Wert k in Formel 119 als Ausgangswert (hydraulisch glatt) erhält man die Re-Zahl in den Poren der verschiedenen Bahnen.

Auswertung

Bei Re-Zahlen unter 2320 herrschen in den Poren laminare Strömungsbedingungen, darüber turbulente [5, 70, 78].

Mit dem ermittelten Faktor F (siehe Tabelle 18), mit dem eigentlich modellhaft die Druckdifferenz in den Poren zwischen der Vorder- und Rückseite der Modellkugel angepasst wird, ist eine Neubestimmung des Wertes für λ möglich. Damit kann dann der Wert für k (Gleichung 119) und mit bekanntem d (entspricht dem angesetzten Durchmesser der Pore) eine Bestimmung der notwendigen Rauhigkeit des Modells vorgenommen werden. Durch Einführung dieser Rauhigkeit in das Modell erreicht man eine gleiche Widerstandkraft und c_W-Wert für Modell und Agglomerat. Im laminaren Bereich entspricht das Einfügen der Rauhigkeit dem Effekt der Porenverlängerung. Im laminaren Bereich führt eine Rauhigkeit an der Rohrinnenwand zu keiner Beeinflussung des Strömungswiderstands bzw. des damit verbundenen c_W-Werts [70].

Für die Variante „gleiche innere Oberfläche" ergeben sich einzufügende relative Rauhigkeiten k/d von 0,052 für die Poren auf der Bahn a und von 0,3178 für die auf der Bahn b, für die Variante „gleiche Porosität" 0,1089 der Bahn a.

In Tabelle 19 sind für die Fraktalagglomerate neben den Messwerten die Ergebnisse der Berechnungen für die Widerstandskräfte, die c_W-Werte und die daraus resultierenden Verhältnisse bei den jeweiligen Re-Zahlen nach dem Füllgrad aufgelistet.

Name	v [m/s]	d [m]	ρ_{fs} [kg/m³]	Re	$c_{W,K}$	$c_{W,A}$	$F_{W,K,b}$ [N]	$F_{W,A,g}$ [N]	VH F_W
FO21-1,5-900-g+16	0.219	0.01945	1320	4249	0.331	1.218	2.361E-03	8.693E-03	3.68
FO21-1,5-900-g+42	0.271	0.01945	1440	5247	0.333	1.148	3.618E-03	1.249E-02	3.45
FO21-1,5-900-g+72	0.316	0.01945	1641	6126	0.337	1.140	4.991E-03	1.691E-02	3.39
FV28-2-1024-g	0.249	0.02595	1211	7426	0.344	0.660	6.980E-03	1.339E-02	1.92
FV16-2-196-g	0.231	0.01490	1264	3425	0.334	0.651	1.549E-03	3.019E-03	1.95
FV16-2-196-g+5	0.293	0.01490	1378	4350	0.331	0.578	2.474E-03	4.320E-03	1.75
FV16-2-196-g+10	0.329	0.01490	1493	4883	0.332	0.597	3.123E-03	5.622E-03	1.80
FO21-1,5-900-t	0.223	0.01945	1370	4312	0.331	1.191	2.431E-03	8.750E-03	3.60
FO21-1,5-900-t+30	0.275	0.01945	1496	5327	0.333	1.125	3.733E-03	1.261E-02	3.38
FO21-1,5-900-t+48	0.324	0.01945	1618	6268	0.337	1.118	5.236E-03	1.736E-02	3.31
FV28-2-1024-t	0.269	0.02533	1271	6775	0.340	0.823	6.170E-03	1.492E-02	2.42
FV16-2-196-t	0.238	0.01470	1319	3483	0.334	0.633	1.600E-03	3.033E-03	1.90
FV16-2-196-t+5	0.300	0.01470	1457	4399	0.331	0.567	2.530E-03	4.336E-03	1.71
FV16-2-196-t+10	0.334	0.01470	1595	4888	0.332	0.598	3.130E-03	5.641E-03	1.80
FO21-1,5-900-o+35	0.239	0.01927	1585	4586	0.331	1.101	2.751E-03	9.150E-03	3.33
FO21-1,5-900-o+75	0.292	0.01927	1871	5603	0.334	1.098	4.143E-03	1.362E-02	3.29
FO21-1,5-900-o+106	0.339	0.01927	2090	6502	0.339	1.020	5.656E-03	1.704E-02	3.01
FV28-2-1024-o	0.290	0.02533	1345	7317	0.343	0.689	7.264E-03	1.457E-02	2.01
FV16-2-196-o	0.255	0.01450	1375	3682	0.333	0.567	1.781E-03	3.035E-03	1.70
FV16-2-196-o+5	0.314	0.01450	1537	4537	0.331	0.534	2.691E-03	4.340E-03	1.61
FV16-2-196-o+10	0.359	0.01450	1699	5178	0.332	0.533	3.521E-03	5.645E-03	1.60

Tabelle 19: Geometrische Daten, Mess- und berechnete Werte der im Re-Zahlbereich 3425<Re<7426 betrachteten Fraktalagglomerate

Auswertung

Die C_W-Wertabhängigkeit von der Re-Zahl ist in Abbildung 82 grafisch dargestellt. In dem Diagramm ist deutlich zu sehen, dass die Agglomeratstrukturen gleicher Bauart weitestgehend unabhängig von der Dichte auf einem Niveau, bezogen auf den C_W-Wert, liegen. Lediglich eine leicht ansteigende Tendenz in Richtung niedrigerer Re-Zahlen ist zu verzeichnen, die aber auf Grund der relativ geringen Datenmenge an dieser Stelle nicht weiter diskutiert werden soll. Die Berechnung der arithmetischen Mittelwerte für die jeweils zusammengehörenden Messwerte ergibt die mit den gleichen Symbolen wie im Diagramm gekennzeichnete Reihenfolge. Diese ist mit den genauen Werten rechts neben dem Diagramm angeordnet. Obwohl die Unterschiede in ihrer Quantität nur gering sind, ist doch die Tendenz zu verzeichnen, dass in den meisten Fällen die offenen Agglomerate den niedrigeren C_W-Wert aufweisen, die vollständig ausgefüllten den höheren und die teilgefüllten Strukturen C_W-Werte dazwischen aufweisen. Für Kugeln gilt in dem betrachteten Re-Zahlbereich ein konstanter C_W-Wert (nach YILMAZ marginal ansteigend). Der Umstand, dass die offenen Agglomeratstrukturen einen niedrigeren C_W-Wert als die geschlossenen aufweisen, wurde auch schon im Kapitel 6.4.2.1 für die Kugelagglomerate verzeichnet.

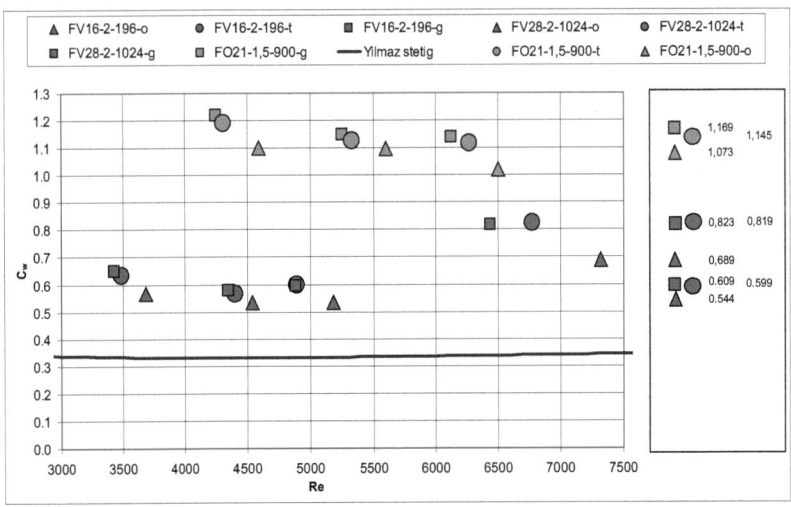

Abbildung 82: C_W-Wert in Abhängigkeit von der Re-Zahl für die fraktalen Agglomeratstrukturen im turbulenten Bereich

Auswertung

Wesentlichere Unterschiede im Widerstandsverhalten sind zu verzeichnen, wenn man die jeweils offenen, teilgefüllten und voll gefüllten Strukturen unterschiedlicher Bauart (Primärpartikelanzahl und –größe) vergleicht. Die Ergebnisse des Vergleichs der Fraktalagglomerate untereinander sind in Form von Matrizen (siehe Tabelle 20) dargestellt. Zum Beispiel sedimentiert das offene Agglomerat FO21-1,5-900-o im Mittel mit einem 3,53-fachen C_W-Wert des offenen Agglomerates FV16-2-196-o (immer bezogen auf die Vollkugel!). In den oberen drei Matrizen wurden die einzelnen Werte gleichen Füllgrades untereinander verglichen. Die vierte Matrix stellt den Vergleich der füllgradunabhängigen, nur im primären Aufbau unterschiedlichen, Agglomeratstrukturen dar (siehe Abbildung 82 – Vergleich der Mittelwerte der jeweiligen Farbe).

	FO21-1,5-900-o	FV28-2-1024-o	FV16-2-196-o
FO21-1,5-900-o	1	2.087	3.530
FV28-2-1024-o	0.479	1	1.691
FV16-2-196-o	0.283	0.591	1

	FO21-1,5-900-t	FV28-2-1024-t	FV16-2-196-t
FO21-1,5-900-t	1	1.661	3.070
FV28-2-1024-t	0.602	1	1.848
FV16-2-196-t	0.326	0.541	1

	FO21-1,5-900-g	FV28-2-1024-g	FV16-2-196-g
FO21-1,5-900-g	1	1.725	3.052
FV28-2-1024-g	0.580	1	1.769
FV16-2-196-g	0.328	0.565	1

	FO21-1,5-900	FV28-2-1024	FV16-2-196
FO21-1,5-900	1	1.798	3.192
FV28-2-1024	0.556	1	1.775
FV16-2-196	0.313	0.563	1

Tabelle 20: Auf die Kugel bezogene Verhältnisse der Fraktalagglomerate untereinander im turbulenten Bereich

Um die Strukturparameter in einen empirisch ermittelten Zusammenhang bringen zu können, wurden die C_W-Werte nun nicht mehr auf die entsprechende Vollkugel bezogen. Die C_W-Werte der füllgradunabhängigen Fraktalagglomeratstrukturen sowie der Vollkugel sind im betrachteten Re-Zahlbereich:

FO21-1,5-900   1,129
FV28-2-1024   0,777
FV16-2-196   0,584
YILMAZ modifiziert   0,335

Auswertung

Die grafische Darstellung der C_W-Werte in Abhängigkeit von den beiden unabhängigen geometrischen Einflussfaktoren Primärpartikelanzahl und Primärpartikelgröße (zur Abhängigkeit von den anderen geometrischen Größen siehe Kapitel 4.1.3) befindet sich in der Abbildung 83. Des Weiteren wurde die Kugel-Bezugsebene (rot) mit dem in diesem Bereich nahezu konstanten Wert von 0,335 mit dargestellt. Die Interpolation und Extrapolation der Werte für die drei verschieden strukturierten Fraktalagglomerate ergibt in den gegebenen Grenzen folgende Ebenengleichung:

$$\boxed{C_W = 2{,}0619 + 0{,}0002 \cdot n_{pp} - 0{,}7618 \cdot d_{pp}}$$
Gleichung 123

Es sei jedoch ausdrücklich darauf hingewiesen, dass diese Gleichung, abgesehen von den drei experimentell ermittelten Punkten, hypothetischer Natur ist. Weitere Messungen in und außerhalb des Messfensters könnten diese strömungstechnische Vermutung bestätigen.

Auf Grundlage dieser Hypothese würden Fraktalagglomerate für bestimmte Primärpartikelzahlen und Primärpartikelgrößen den gleichen C_W-Wert erreichen, wie die Vollkugel (Schnittlinie der beiden Ebenen in Abbildung 83). Je nach Wahl kann eine der beiden Einflussgrößen aus der anderen mit Hilfe folgender Formeln berechnet werden:

$$\boxed{N = -8634{,}5 + 3809 \cdot d_{pp}}$$
Gleichung 124

$$\boxed{d_{pp} = 2{,}2668 + 2{,}6253 \cdot 10^{-4} \cdot N}$$
Gleichung 125

Neben den Messwerten aus den Sedimentationsuntersuchungen wurden für die zweistufigen Fraktalagglomerate auch Ergebnisse aus Anströmversuchen (siehe Kapitel 4.3) ausgewertet. Diese sind in Tabelle 21 aufgeführt und werden zunächst auf Grund des unterschiedlichen Re-Zahlbereiches (223<Re<583) unabhängig von den oben beschriebenen Ergebnissen ausgewertet.

Es wurden ursprünglich jeweils Messungen [61] bei zwei verschiedenen Geschwindigkeiten durchgeführt (hellgrün in Abbildung 84). Da aber gerade die Interpretation der Ergebnisse für das offene Fraktalagglomerat Fragen aufgeworfen hatte, wurden für diesen Körper Nachmessungen [64] bei nun sieben verschiedenen Anströmgeschwindigkeiten durchgeführt (dunkelgrün in Abbildung 84) und der Verlauf prinzipiell (abgesehen von den in Kapitel 5.3.2 beschriebenen möglichen Abweichungen) bestätigt.

Auswertung

Auf Grund der aufgetretenen Schwierigkeiten bei den Anströmversuchen wurden an dieser Stelle für die Auswertung aber trotzdem die Werte aus [61] verwendet.

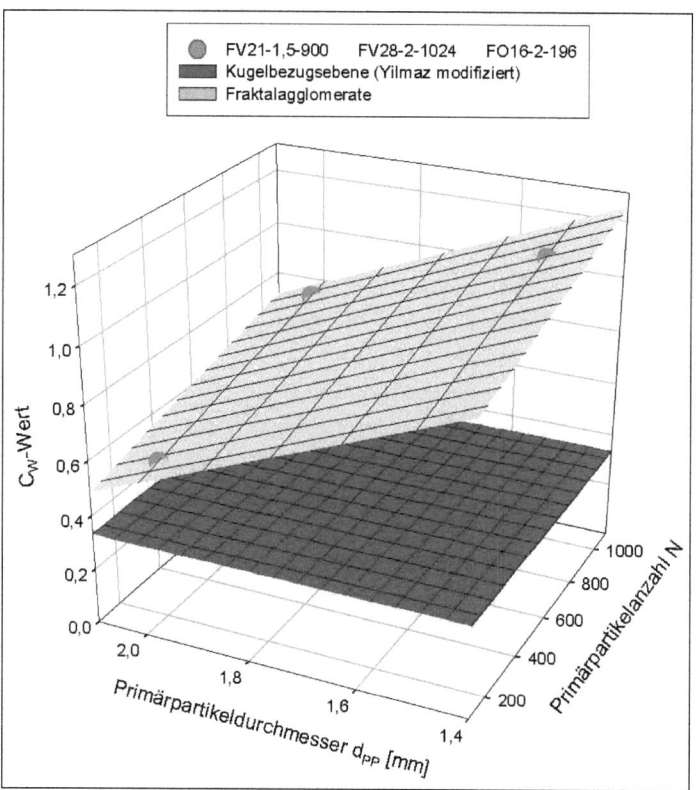

Abbildung 83: Abhängigkeit der C_W-Werte von der Primärpartikelanzahl und der Primärpartikelgröße für die zweistufigen Fraktalagglomerate im turbulenten Bereich

Name	v [m/s]	d [m]	Re	$C_{W,K}$	$C_{W,A}$	$F_{W,K,b}$ [N]	$F_{W,A,g}$ [N]	VH F_W
FV28-2-1024-t	0,009	0,02468	223	0,726	1,524	1,429E-05	3,002E-05	2,10
FV28-2-1024-t	0,023	0,02468	577	0,525	1,318	6,916E-05	1,734E-04	2,51
FV28-2-1024-g	0,009	0,02468	224	0,725	1,189	1,433E-05	2,349E-05	1,64
FV28-2-1024-g	0,023	0,02468	577	0,526	1,141	6,912E-05	1,501E-04	2,17
FV28-2-1024-o	0,009	0,02468	223	0,726	0,732	1,425E-05	1,436E-05	1,01
FV28-2-1024-o	0,023	0,02468	575	0,526	0,998	6,879E-05	1,305E-04	1,90

Auswertung

Name	v [m/s]	d [m]	Re	$C_{W,K}$	$C_{W,A}$	$F_{W,K,b}$ [N]	$F_{W,A,g}$ [N]	VH F_W
FV28-2-1024-o	0,009	0,02468	226	0,723	0,646	1,454E-05	1,301E-05	0,89
FV28-2-1024-o	0,012	0,02468	287	0,663	0,681	2,155E-05	2,212E-05	1,03
FV28-2-1024-o	0,014	0,02468	347	0,621	0,726	2,956E-05	3,457E-05	1,17
FV28-2-1024-o	0,016	0,02468	404	0,590	0,810	3,814E-05	5,234E-05	1,37
FV28-2-1024-o	0,019	0,02468	460	0,566	0,863	4,726E-05	7,209E-05	1,53
FV28-2-1024-o	0,021	0,02468	522	0,543	0,897	5,838E-05	9,646E-05	1,65
FV28-2-1024-o	0,024	0,02468	583	0,524	0,922	7,031E-05	1,238E-04	1,76

Tabelle 21: Geometrische Daten, Mess- und berechnete Werte der im Re-Zahlbereich 223<Re<583 betrachteten Fraktalagglomerate

Die C_W-Werte der Agglomeratstrukturen sind auch für diesen Bereich in Abbildung 84 mit dem Verlauf für Vollkugeln als Bezug in Abhängigkeit von der Re-Zahl in einem Diagramm grafisch dargestellt.

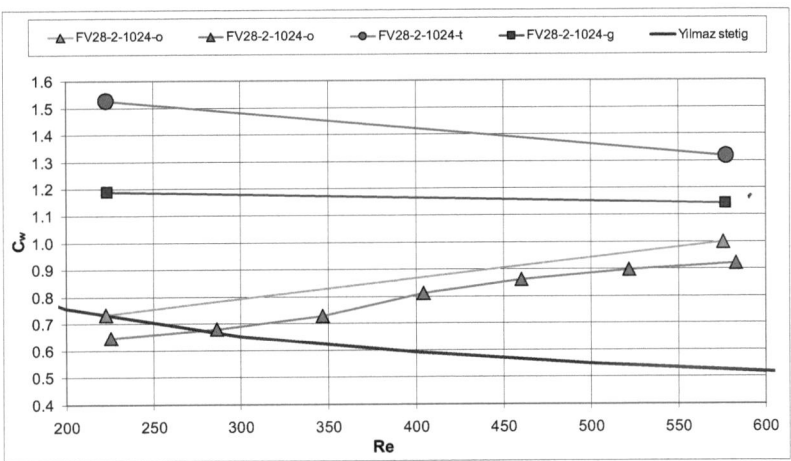

Abbildung 84: C_W-Wert in Abhängigkeit von der Re-Zahl für die fraktalen Agglomeratstrukturen im turbulenten Bereich

Im Gegensatz zu den Messungen im höheren Re-Zahlbereich, wo sich die Unterschiede im Füllgrad nur marginal abzeichneten, sind hier auch deutliche Unterschiede im experimentell ermittelten C_W-Wert sichtbar. Die Reihenfolge bezüglich des C_W-Wertes stellt sich nun aber folgendermaßen dar. Das teilgefüllte Fraktalagglomerat hat bei Re-Zahlen zwischen 223 und 583 den höchsten C_W-Wert,

Auswertung

das vollständig ausgefüllte einen etwas niedrigeren, während das offene Fraktalagglomerat auch hier den niedrigsten Widerstandsbeiwert besitzt.

In Tabelle 22 sind für diese fraktale Agglomeratstruktur unterschiedlichen Füllgrades die Faktoren angegeben, die mit der gesamten Oberfläche (in m² !) multipliziert den C_W-Wert ergeben.

	C_W	A_O [m²]	Faktor F	VH
v = 0.0091 m/s				
FV28-2-1024-t	1.524	6.33E-03	241	2.10
FV28-2-1024-g	1.189	2.76E-03	431	1.64
FV28-2-1024-o	0.732	1.29E-02	57	1.01
v = 0.0235 m/s				
FV28-2-1024-t	1.318	6.33E-03	208	2.51
FV28-2-1024-g	1.141	2.76E-03	414	2.17
FV28-2-1024-o	0.998	1.29E-02	78	1.90

Tabelle 22: Empirisch ermittelte Faktoren zur Abhängigkeit des C_W-Wertes von der gesamten Oberfläche sowie Formfaktoren für die Agglomerate FV28-2-1024 unterschiedlichen Füllgrades

Die in der Tabelle weiterhin angegebenen Verhältnisse VH kann man als Formfaktoren der Agglomerate gegenüber den Bezugskugeln bezüglich der Auswirkungen im C_W-Wert verstehen. Eine von dieser Grundstruktur abweichende Interpretation der Messwerte ist leider an dieser Stelle nicht möglich, da in diesem Re-Zahlbereich nur die Agglomerate der Grundstruktur FV2-28-1024 vermessen wurden. Um weitere geometrische Daten in eine Modellierung einfließen lassen zu können, sind Messungen mit anderen Strukturen (z.B. anderer Primärpartikeldurchmesser, -anzahl) bei ebenfalls variierendem Füllgrad notwendig.

Auswertung

6.5 Zusammenhängende Betrachtungen

Die zusammenhängende Betrachtung der zweistufigen Fraktalagglomerate unterschiedlichen Füllgrades über den gesamten untersuchten Re-Zahlbereich zeigt, dass sich die Reihenfolge bezüglich des Widerstandes im turbulenten Bereich umgekehrt darstellt als im laminaren Bereich. Leider wurden keine identischen Agglomeratstrukturen in den drei Re-Zahlbereichen gemessen (bei Re<10 wurden FV32-2-1296 und bei 100<Re<10.000 FV28-2-1024 eingesetzt, die sich im Aufbau kaum unterscheiden). Wie in Abbildung 85 zu sehen ist, verändern die Fraktalagglomerate ihre Reihenfolge vom laminaren in den turbulenten Bereich bezüglich des C_W-Wertes. Im laminaren Bereich weist das offene Agglomerat den höchsten C_W-Wert bei gleicher Re-Zahl auf und die geschlossene Struktur den geringsten, während das teilgefüllte dazwischen liegt. Im höheren Turbulenzbereich weisen dagegen die offenen Agglomerate den geringsten C_W-Wert auf und die geschlossenen den höchsten. Die teilgefüllten liegen wieder dazwischen (im unteren Turbulenzbereich haben sie den höchsten Widerstandsbeiwert).

Diese Umstände entsprechen der physikalischen Vorstellung, dass in laminarer Strömung die Reibungskräfte über den Einfluss der Druckkräfte dominieren. Die Reibungskräfte (viskose Kräfte) sind proportional zur Körperoberfläche und somit bei den offenen Strukturen am größten, während die Druckkräfte (Trägheitskräfte) proportional zur Anströmfläche und bei offenen Agglomeraten geringer sind. Im turbulenten Bereich kehren sich die Verhältnisse um; die Trägheitskräfte sind von entscheidender Bedeutung und die viskosen Kräfte vernachlässigbar.

Die quantitativen Unterschiede zwischen den drei Strukturen nehmen dabei mit steigender Re-Zahl ab, so dass sie ab Re-Zahlen von einigen Tausend kaum noch mit den verwendeten Methoden messtechnisch zu erfassen waren. Die sehr unterschiedliche gesamte Oberfläche der Fraktalagglomerate wirkt sich im laminaren Bereich stark auf den Strömungswiderstand aus. Im Gegensatz dazu sind die Einflüsse der Öffnungen in der Struktur im turbulenten Bereich wesentlich geringer. Erwartungsgemäß sollte der Druckwiderstand (zwar bei annähernd gleicher Projektionsfläche) auch wesentliche Unterschiede in der Widerstandskraft bewirken.

Über die Verhältnisse zwischen den Messpunkten können Aussagen an dieser Stelle nur postulierender Natur sein, da die derzeit vorliegende Datengrundlage dafür nicht ausreichend ist.

Auswertung

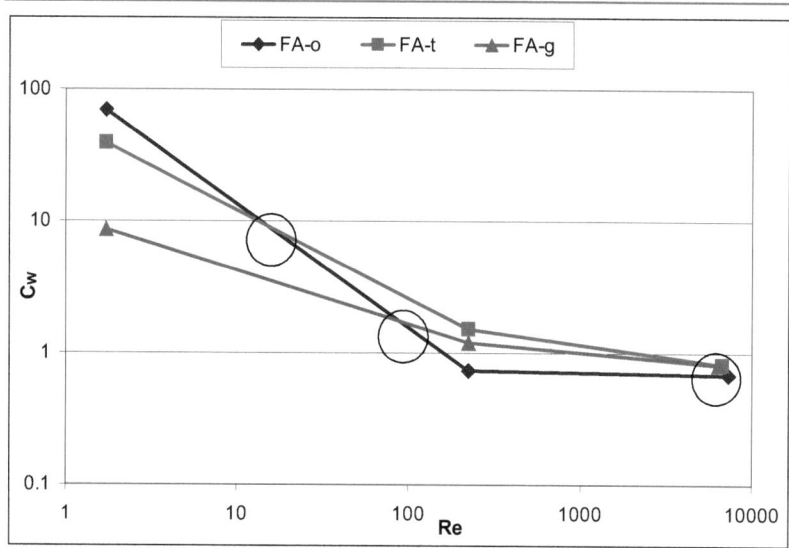

Abbildung 85: C_W-Wertabhängigkeit der zweistufigen Fraktalagglomerate über den gesamten untersuchten Re-Zahlbereich

Die Einflüsse von Druck- und Reibungskraft sind offensichtlich in ihren Auswirkungen auf den Strömungswiderstand Ursache für den Wechsel zwischen offener und teilgefüllter Struktur sowie zwischen offener und vollständig gefüllter Struktur im Bereich 10<Re<100 (siehe Abbildung 85, die beiden linken eingekreisten Schnittpunkte). Der bei niedrigeren Re-Zahlen erwartete Wechsel zwischen dem teilgefüllten und vollständig ausgefüllten Fraktalagglomerat findet erst bei Re-Zahlen um die 8000 statt.

Die Ergebnisse der Simulationen sollten ursprünglich der Unterstützung der Interpretation der Strömungsverhältnisse in und um die untersuchten Agglomeratstrukturen in Zusammenhang mit den experimentellen Untersuchungen dienen. Wie in Abschnitt 5.5 gezeigt wurde, sind die Übereinstimmungen mit den Experimenten über einen weiten Bereich noch nicht zufrieden stellend. Dies lässt sich wahrscheinlich auf zwei Einflüsse zurückführen: einerseits sind solche Simulationen immer mit numerischen Fehlern behaftet, andererseits fand vermutlich noch keine ausreichende Anpassung der Simulationen an die realen Verhältnisse statt. Neben der sorgfältigen und in Abhängigkeit von der zur Verfügung stehenden Rechentechnik notwendig hinreichenden Auflösung der generierten Gitter, kommt der Auswahl der Turbulenz-

Auswertung

modelle in Kombination mit den Wandfunktionen eine zentrale Rolle zu. Aus diesem Grund sind die folgenden Aussagen und Interpretationen lediglich qualitativer Natur.

Die Strömungsbilder für das Agglomerat FV8-2-32-o in Abbildung 86 zeigen eine relativ geringe Durchströmung der Agglomeratstruktur. In der angeströmten Hälfte sind einige Bereiche schwacher Einströmung erkennbar, während die Abstromseite Gebiete mit sehr schwacher oder keiner Durchströmung beinhaltet.

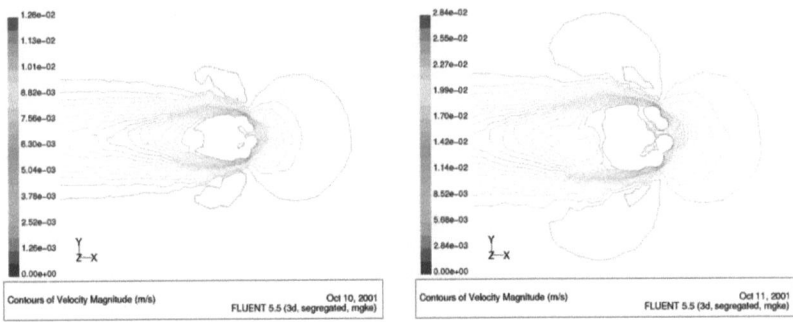

Abbildung 86: Strömungsbilder für das Agglomerat FV8-2-32-o bei Anströmgeschwindigkeiten von 0,009112 m/s (links) und 0,019746 m/s (rechts)

Dieser Umstand ist auch in Abbildung 87 zu erkennen, wo sich sichtlich eine Wirbelstruktur hinter dem Agglomerat ausbildet. Würde der Körper gleichmäßiger durchströmt werden, müsste auch dieser Bereich linearer ausgeprägt sein.

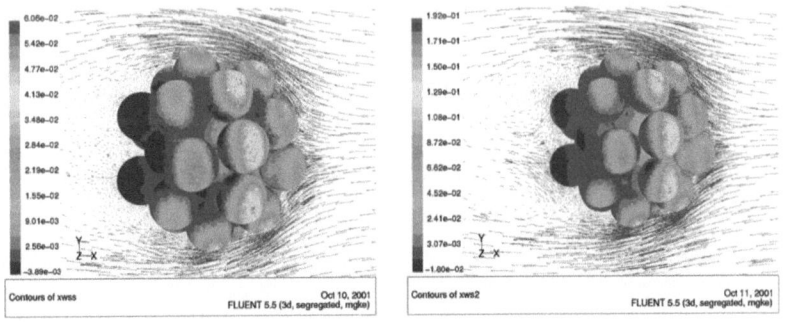

Abbildung 87: Reibungskräfte und Strömungsvektoren am Agglomerat FV8-2-32-o bei Anströmgeschwindigkeiten von 0,009112 m/s (links) und 0,019746 m/s (rechts)

Auswertung

In der folgenden Abbildung sind die Druckkräfte an diesem Agglomerat grafisch dargestellt, die aber in diesem Zusammenhang keine weiteren Rückschlüsse zulassen.

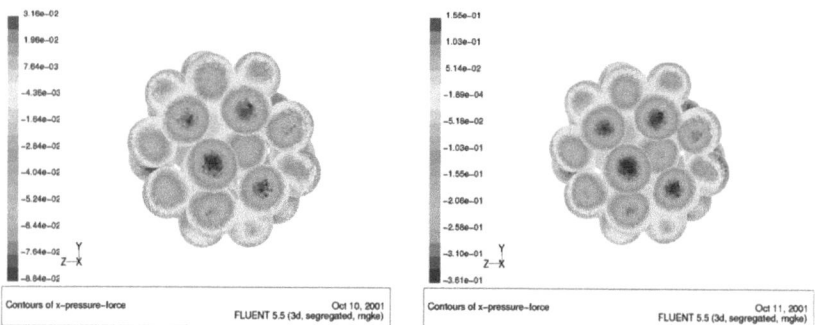

Abbildung 88: Druckkräfte am Agglomerat FV8-2-32-o bei Anströmgeschwindigkeiten von 0,009112 m/s (links) und 0,019746 m/s (rechts)

Das zweistufige Fraktalagglomerat FV32-2-1024-o weist, im Gegensatz zum vorher betrachteten einstufigen, wegen des größeren Porenraumes zwischen den Primäragglomeraten eine höhere Durchlässigkeit auf. Hier reichen die Gebiete hoher Fluidgeschwindigkeiten tiefer in den Körper hinein und sind abstromseitig noch als Ausflüsse erkennbar (siehe Abbildung 89).

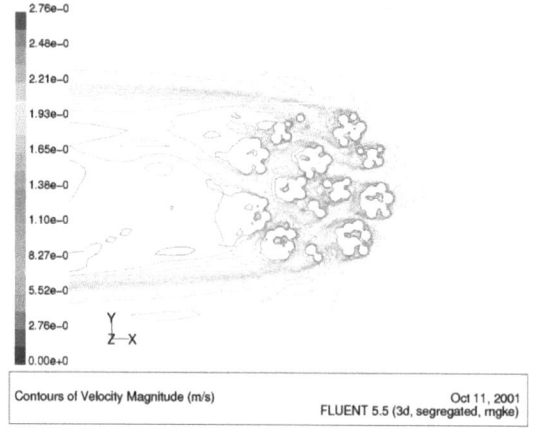

Abbildung 89: Strömungsbild für das Agglomerat FV32-2-1024-o bei einer Anströmgeschwindigkeit von 0,2 m/s

Messanordnung ohne Einfluss der Dichte des Probekörpermaterials und der Fixierung

7 MESSANORDNUNG OHNE EINFLUSS DER DICHTE DES PROBEKÖRPERMATERIALS UND DER FIXIERUNG

Um die Nachteile zu umgehen, die sich aus den Messanordnungen bei den Sedimentationsversuchen und den Anströmversuchen mit der mechanischen Fixierung ergeben, wurden andere Möglichkeiten der experimentellen Untersuchung recherchiert.

7.1 Vermeidung der Nachteile der bisher verwendeten Messanordnungen

Bei der Sedimentation hat man prinzipiell zwei verschiedene Möglichkeiten die Relativgeschwindigkeit zwischen Probekörper und Fluid zu beeinflussen, wenn man Untersuchungen über einen breiten Geschwindigkeits- bzw. Re-Zahlbereich realisieren möchte. Das ist einmal die Dichte des Probekörpermaterials (bei gleicher Größe) und zweitens die Viskosität (auch in Verbindung mit der Dichte und der Temperatur) des Strömungsmediums.

Die Herstellung der Agglomeratstrukturen (vor allem die höherer Stufen) aus verschiedenen Materialien gestaltet sich ohne Automatisierung sehr zeitaufwendig und kostenintensiv. Deshalb beschränkt sich diese Methode auf relativ wenige Materialien und somit wenige, sich durch das Kräftegleichgewicht bei der Sedimentation einstellende, Geschwindigkeiten.

Die strömungstechnisch relevanten Eigenschaften des Fluids sind in einem gewissen Bereich einstellbar. Beispielsweise ist die Viskosität von Wasser bei Raumtemperatur um ca. zwei Zehnerpotenzen geringer, als die von Glyzerin. Die Temperaturabhängigkeit der Viskosität ist für Wasser als Strömungsmedium, im Gegensatz zu Glyzerin, in der Praxis meist vernachlässigbar. Verwendet man aber beispielsweise Glycerin als Strömungsmedium muss man auf Grund der Dimensionen des Sedimentationsbehälters bei vertretbarer Probekörpergröße mit einer ungewollten Temperaturschichtung über die Höhe rechnen. Diese wäre nur durch eine gezielte Temperierung zu umgehen, was aber wiederum ungewollte und den Sedimentationsprozess selbst beeinflussende Ausgleichsströmungen im Fluid nach sich ziehen würde. Weiterhin sind die Mengen an Fluid bei den in dieser Arbeit betrachteten

Messanordnung ohne Einfluss der Dichte des Probekörpermaterials und der Fixierung

nicht problemlos realisierbar. Außerdem müssen beeinflussende Wirkungen innerhalb des in ständigem Kontakt stehenden Materialsystems Probekörper-Verbindungs-/Klebemittel-Fluid beachtet und u.U. vermieden werden.

Bei jeglicher Art der mechanischen Fixierung treten immer strömungsrelevante Wechselwirkungen mit den zu untersuchenden Probekörpern auf. Diese sind in dem betrachteten und herstellungsbedingt mindestens notwendigen Größenbereich aus rein mechanischen Stabilitätsgründen nicht auf eine vernachlässigbare Größenordnung zu minimieren. In Kapitel 6.1 wurde der Einfluss der Fixierung durch einen nur 50µm im Durchmesser betragenden Kupferdraht auf eine 32mm Kugel erläutert.

Die Lösung bezüglich der Fixierung sollte also in einer Messmethode liegen, die keine strömungsbeeinflussenden Wirkungen auf die Probekörper ausübt. Dazu bietet sich die berührungslose Agglomeratfixierung in einem Magnetfeld an.

Eine umfangreiche Literaturrecherche ergab, dass auf diesem Gebiet aus verfahrenstechnischer Sicht keine Erfahrungen existieren. Deshalb wurde sich im Rahmen einer Machbarkeitsstudie mit den elektrotechnischen Grundlagen der Magnetfeldfixierung kugelförmiger Agglomeratstrukturen beschäftigt [79]. Im Folgenden wird das entwickelte System sowie die Rahmenbedingungen kurz beschrieben und die grundlegenden Berechnungen aufgeführt.

7.2 Anforderungen an das System

Zur ersten Näherung werden an Stelle der Agglomerate magnetisch-permeable Vollkugeln verschiedener Durchmesser (8 mm / 32 mm / 128 mm - um bis zum dreistufigen Aufbau der Fraktalagglomerate mit bspw. d_{PP}=2mm und N=32.768 zu simulieren) als Strömungskörper betrachtet. Ausgehend von dieser Vereinfachung, die vor allem durch die Komplexität der elektrotechnischen Beschreibung des Systems und den zu untersuchenden Prozessmodellen bedingt ist, wurden folgende Annahmen für das System getroffen:

1. Der Strömungskörper besitzt ideale Kugelform, ist rotationsfrei, seine Temperatur entspricht der des Strömungsmediums und ist bezüglich der Dichte homogen.
2. Das Strömungsmedium ist Wasser und wird mit konstanter Temperatur und Viskosität sowie einer Permeabilität von μ=1 betrachtet.

Messanordnung ohne Einfluss der Dichte des Probekörpermaterials und der Fixierung

3. Es herrscht eine symmetrische und stationäre Strömung in einem sehr großen (im Vergleich zum Durchmesser der Kugel) Bereich um die Kugel. Es existieren keine Wandeinflüsse auf den Probekörper.
4. Es werden nur die vertikalen Komponenten der Geschwindigkeit und der auftretenden Kräfte berücksichtigt. Die Wirkungslinien der Kräfte verlaufen durch den Mittel- und Schwerpunkt der Kugel.
5. Es findet keine Betrachtung von Ein- und Ausschaltvorgängen der Magnetfelderzeugung statt.
6. Das Kugelmaterial erreicht nicht den Sättigungsbereich (siehe Abbildung 94). (Diese Einschränkung gilt nur bei der analytischen Berechnung.)
7. Für die Permeabilitäten gilt: $\mu_{Luft}, \mu_{Glas}, \mu_{Wasser} = 1 \ll \mu_{Kugel}$

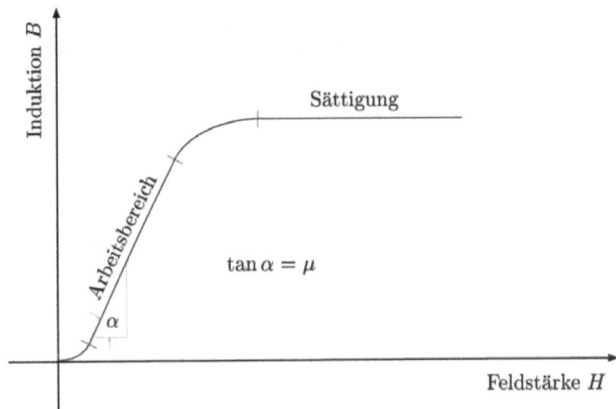

Abbildung 90: Qualitativer Verlauf einer Magnetisierungskurve bei Anfangsmagnetisierung

7.3 Berechnung der maximal wirkenden resultierenden Kraft

Die Berechnung der Feld-, Druck- und Strömungskräfte erfolgte hier wie in den vorangegangenen Kapiteln. Auch die Wirkungen von unter Umständen auftretenden Trägheits- und Diffusionskräften sowie des dynamischen Auftriebs werden in den Betrachtungen dieses Kapitels vernachlässigt. An dieser Stelle wird nur auf spezifische Besonderheiten eingegangen und die wichtigsten Ergebnisse werden präsentiert.

Messanordnung ohne Einfluss der Dichte des Probekörpermaterials und der Fixierung

Als Ergebnis erhält man eine maximal wirkende Kraft auf den Probekörper, die durch ein entsprechend starkes Magnetfeld aufgebracht werden muss.

a) Gewichtskraft: In Hinblick auf die Verwendung wurden für die Kraftberechnung Kugelmaterialien mit den in Tabelle 23 aufgeführten physikalischen und magnetischen (statischen) Eigenschaften gewählt.

Legierung[a]	ρ_K [kg/m³]	μ_{max} [/]	μ_4[b] [/]	B_S [A/cm]	H_C [T]
VACOFER®					
VACOFER®S1	7.870	40.000	2.000	0,06	2,15
VACOFLUX®					
VACOFLUX®50	8.120	9.000	1.000	1,4	2,35
PERMENORM®5000er Serie					
PERMENORM®5000 H2	8.250	120.000	7.000	0,05	1,55
PERMENORM®5000 V5	8.250	135.000	9.000	0,04	1,55
PERMENORM®5000 S4	8.250	150.000	15.000	0,025	1,60

[a] alle Messungen an Stanzringen (Massivmaterial), Banddicke: 1 mm (Werte als Richtwerte)
[b] bei H = 4 mA/cm

Tabelle 23: Eigenschaften von ausgewählten weichmagnetischen Werkstoffen der Fa. VACUUMSCHMELZE GMBH [80]

Die Ergebnisse der Berechnungen der resultierenden Kräfte für die verschiedenen Materialien sind für die drei Durchmesser (8 mm / 32 mm / 128 mm), Re-Zahlen von 0,25 / 1.000 /100.000 sowie Temperaturen des Wassers zwischen 15°C bis 30°C im Anhang dargestellt. Aus den unterschiedlichen Temperaturen ergeben sich für das Strömungsmedium auch unterschiedliche Dichten und Viskositäten.

Es ergeben sich für die drei Materialien zunächst maximal auftretende Gewichtskräfte für die 128mm-Kugeln:

- VACOFER®S1   84,746923 N
- VACOFLUX®50   87,439011 N
- PERMENORM®5000 H2   0,021689 N.

b) Statischer Auftrieb: Der statische Auftrieb ist der Wirkung der Gewichtskraft entgegen gerichtet und beträgt in Abhängigkeit von Temperatur und Dichte des Wassers für alle drei Materialien zwischen 10,758 N und 10,721 N. Der höhere Wert entspricht dabei einer Wassertemperatur von 15°C und der niedrigere gilt bei 30°C.

Messanordnung ohne Einfluss der Dichte des Probekörpermaterials und der Fixierung

---

c) Widerstandskraft: Die Widerstandskräfte sind ebenfalls materialunabhängig und ergeben sich zu 1,537N bei einer Wassertemperatur von 15°C und einer Re-Zahl von 100.000 für eine Kugel mit einem Durchmesser von 128 mm.

Die maximal resultierende Kraft von 79,62 N tritt demzufolge bei einer Abwärtsströmung an der 128mm- *PERMENORM*®-Kugel bei einer Re-Zahl von 100.000 und 15°C auf. Durch Berücksichtigung eines Sicherheitsfaktors von ca. 1,25 werden die folgenden exemplarischen elektrotechnischen Berechnungen unter der Annahme von 100 N durchgeführt, die das Magnetfeld unter Strömungsbedingungen maximal zu kompensieren hat.

Die Anströmung der Probekörper kann natürlich auch von unten erfolgen, wobei die nach oben gerichtete Fluidbewegung den Vorteil aufweist, dass die auftretende Widerstandskraft der dominanten Gewichtskraft entgegen wirkt und diese teilweise kompensiert. Die magnetische Feldkraft zur Fixierung des Probekörpers braucht deshalb nicht ganz so groß dimensioniert werden, wie bei einer Anströmung von oben (76,54 N unter ansonsten gleichen Bedingungen).

Eine Ausnahme bildet die 8mm-Kugel bei einer Anströmung von unten bei den hohen Re-Zahlen. Dort ist die resultierende Kraft sogar nach oben gerichtet.

7.4 Elektrotechnische Berechnungen

In diesem Kapitel werden die elektrotechnischen Berechnungen zur Dimensionierung des Magnetfeldes zur Fixierung der Probekörper angegeben. Diese basieren auf den vorangegangenen physikalischen Annahmen und Berechnungen.

Zunächst wird ein durch ein Gleichstromfeld erzeugtes homogenes Magnetfeld im Inneren einer lang gestreckten Spule mit einem Durchmesser von 0,4 m (entspricht dem Durchmesser der bisher für die experimentellen Untersuchungen verwendeten Kolonne) analytisch berechnet [81-89]. Als Steuergröße wird dabei die Selbstinduktivität der Leiterschleife herangezogen. Diese Lösung wurde dann in einem weiteren Schritt durch eine numerische Abschätzung mittels des Programms *ANSYS*® überprüft. Zu den detaillierten Berechnungen und Herleitungen wird auf [79] verwiesen.

Messanordnung ohne Einfluss der Dichte des Probekörpermaterials und der Fixierung

Die analytische Berechnung wird für eine Leiterschleife mit einem Strombelag $\vec{K}$ vorgenommen. Die Problementwicklung erfolgt in Kugelschalen und als Randwertproblem erster Art in Kugelkoordinaten (r,ϑ,φ) mit der Einschränkung auf eine rotationssymmetrische Anordnung mit einem von der Koordinate φ unabhängigen Vektorpotenzial $A_\varphi(r,\varphi)$ (siehe Abbildung 91).

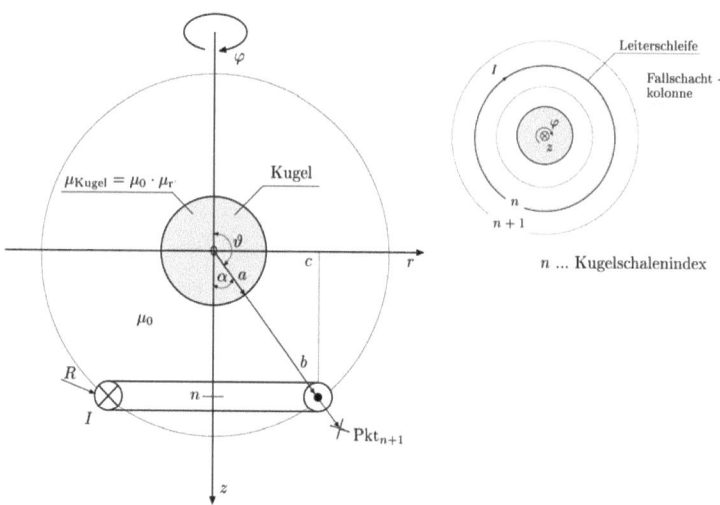

Abbildung 91: Darstellung des Randwertproblems (links – Seitenansicht, rechts – Draufsicht) [79]

Die Berechnung des Erregerpotenzials erfolgt ohne Existenz der permeablen Kugel im Raum. Es folgt aus der Strom durchflossenen Leiterschleife.

- $\vec{A}_e = \vec{e}_\varphi A_e(r,\vartheta)$ ... erregendes Vektorpotenzial
- $\vec{A}_e$ ist dem Strom I gleichgerichtet; I ist nach Abbildung 91 und 92 φ-gerichtet
- n – Laufindex der verschiedenen Kugelschalen (vergl. Abbildung 91)

Die Lösungsfunktion für das Erregerpotenzial lautet:

$$A_{e,\varphi}(r,\vartheta) = \sum_{n=1}^{\infty} \left[\underbrace{C_n r^n}_{\text{aufsteigende}} + \underbrace{D_n r^{-n-1}}_{\text{abfallende}} \right] P_n^1(\cos\vartheta) \qquad \text{Gleichung 126}$$

Messanordnung ohne Einfluss der Dichte des Probekörpermaterials und der Fixierung

$P_n^1(\cos\vartheta)$ ist der Spezialfall $m = 1$ der zugeordneten Kugelfunktion $P_n^m(\cos\vartheta)$.

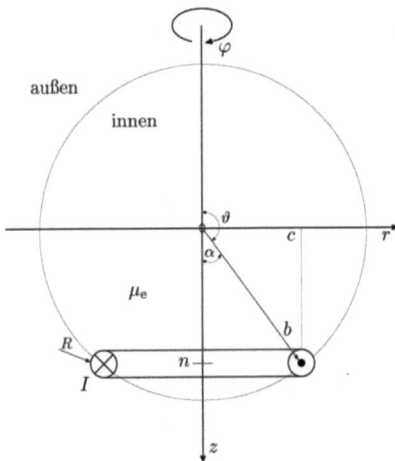

Abbildung 92: Skizze zum Erregerpotenzial [79]

Das Störpotenzial $\vec{A}_S$ folgt aus der Anwesenheit der (permeablen) Kugel im Raum.

- $\vec{A}_S = \vec{e}_\varphi A_S(r,\varphi)$ ... störendes Vektorpotenzial
- n – Laufindex der verschiedenen Kugelschalen

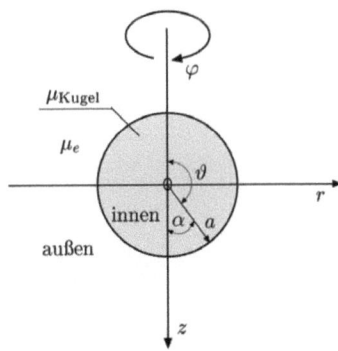

Abbildung 93: Skizze zum Störpotenzial [79]

Messanordnung ohne Einfluss der Dichte des Probekörpermaterials und der Fixierung

Die Lösungsfunktion (adäquat zu Gleichung 126), angewendet auf das Störpotenzial, führt zu folgenden Potenzialansätzen unter der Annahme der Stetigkeit der Normalkomponente der Induktion $\vec{B}$ an der Stelle $r = a$:

$$A^i_{s,\varphi}(r,\vartheta) = \frac{1}{2}\mu_e I \sin\alpha \sum_{n=1}^{\infty} D_n \left(\frac{r}{a}\right)^n P^1_n(\cos\alpha) P^1_n(\cos\vartheta) \quad \text{für} \quad r \leq a \quad \text{Gl. 127a}$$

$$A^a_{s,\varphi}(r,\vartheta) = \frac{1}{2}\mu_e I \sin\alpha \sum_{n=1}^{\infty} D_n \left(\frac{a}{r}\right)^{n+1} P^1_n(\cos\alpha) P^1_n(\cos\vartheta) \quad \text{für} \quad r \geq a \quad \text{Gl. 127b}$$

Die Bestimmung der Konstanten D_n erfolgt über die Randbedingung der Stetigkeit der magnetischen Flussdichte für $r = a$. Mit D_n erhält man die Vektorpotenziale für den inneren und äußeren Bereich. Die Störinduktion lässt sich dann mit Hilfe von Differenzialoperationen in eine r-gerichtete und eine ϑ-gerichtete Komponente zerlegen. Das resultierende Feld folgt aus der Zusammensetzung (Superposition) der Erregeranteile mit den Störanteilen.

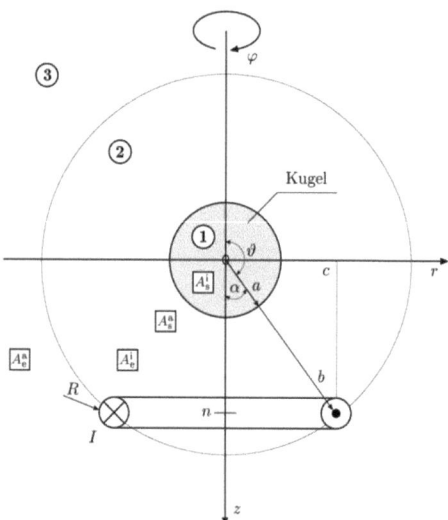

Abbildung 94: Bereiche des resultierenden Vektorpotenzials [79]

Messanordnung ohne Einfluss der Dichte des Probekörpermaterials und der Fixierung

Damit ergibt sich die von der Stromschleife aufzubringende magnetische Kraft $\vec{F}_{mag}$:

$$F_z = \frac{I^2 \mu_e (1-\tilde{\mu}) \pi b}{a} \sin^2 \alpha \sum_{n=1}^{\infty} \frac{1}{(2n+1)} \left(\frac{a}{b}\right)^{2n+2} P_n^1(\cos \alpha) \cdot$$
$$\cdot (\cos \alpha P_n^1(\cos \alpha) - \sin \alpha (n+1) P_n^0(\cos \alpha))$$

Gleichung 128

In Abbildung 95 ist die analytisch berechnete Kraft F_z in Abhängigkeit von der Amperewindungszahl für eine permeable Kugel mit einem Durchmesser von 128 mm aufgetragen. Als Material wurde **VACOFLUX®50** mit der maximalen Permeabilität von $\mu_{r,max} = 9000$ gewählt.

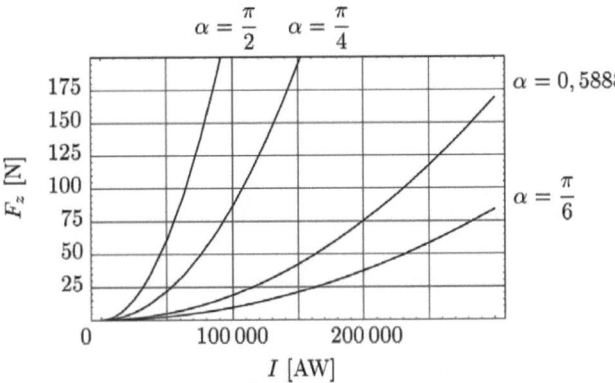

Abbildung 95: Analytisch berechnete Kraftkennlinien für unterschiedlich weit entfernte Leiterschleifen gleicher Radien (c = 0,2 m)

Bei Nichtberücksichtigung der Sättigung muss sich die Leiterschleife unter einem Winkel von $\alpha = 0,5888$ (entspricht 33,74°) und einer Entfernung von $b = 0,36 m$ (siehe Abbildung 96) zur Kugel befinden, um bei gleicher Amperewindungszahl von 231.000 wie in der Simulation eine magnetische Kraft von 100 N aufzubringen.
In Abbildung 96 ist zusätzlich zum analytisch berechneten Wert die Kraftkennlinie aus **ANSYS®** dargestellt. Um einen direkten Vergleich von Analytik und Numerik zu

Messanordnung ohne Einfluss der Dichte des Probekörpermaterials und der Fixierung

ermöglichen, wurde auf die gleiche Kugel zurückgegriffen. Als Ansatz für die Berechnung des magnetostatischen Feldproblems wurde das Skalarpotenzial (Difference Scalar Potential-Methode) mit je einem Freiheitsgrad pro Knoten gewählt. Durch diesen Ansatz ist z. B. eine Berücksichtigung der nichtlinearen Materialeigenschaft Permeabilität zu berücksichtigen, ohne den Rechenaufwand unnötig zu vergrößern. Berechnungen, bei denen sich das Material im Sättigungsbereich [90, 91] befindet, sind so möglich.

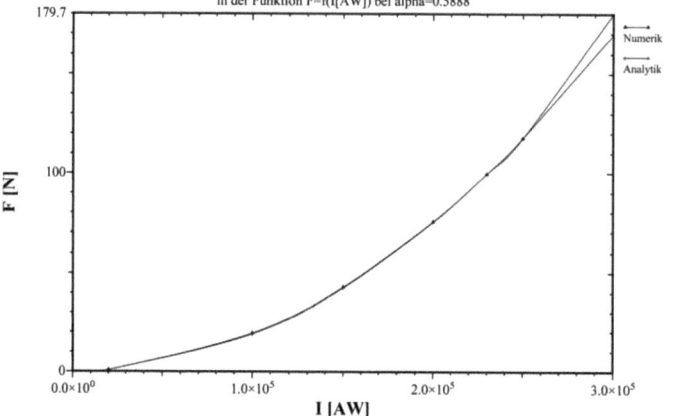

Abbildung 96: Vergleich der Kraftkennlinien aus der analytischen und numerischen Berechnung für $\alpha = 0,5888$

Bemerkenswert ist, dass eine weitgehende funktionale Übereinstimmung besteht, obwohl die analytische Rechnung den Gang des Materials in die Sättigung nicht berücksichtigt. Das ist auf die relativ gleichmäßige Verteilung der Permeabilität über die Kugel zurückzuführen (siehe Abbildung 97). Die erkennbare Abweichung zwischen den beiden Kennlinien ist auf die Approximation der *B-H*-Kennlinie des Werkstoffes in der Numerik für den Feldstärkebereich von $H>2000$ *A/m* durch eine Gerade (vergleiche Abbildung 98) begründet.

Messanordnung ohne Einfluss der Dichte des Probekörpermaterials und der Fixierung

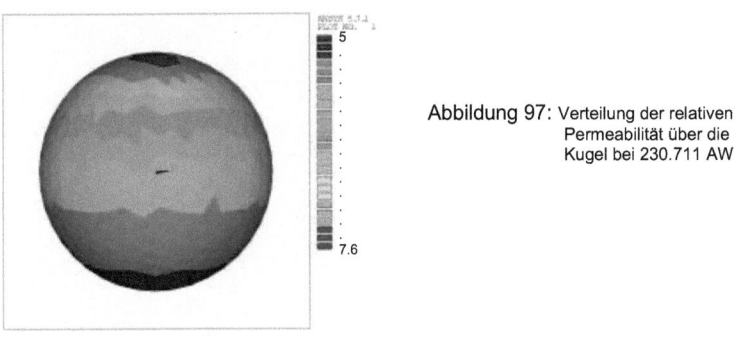

Abbildung 97: Verteilung der relativen Permeabilität über die Kugel bei 230.711 AW

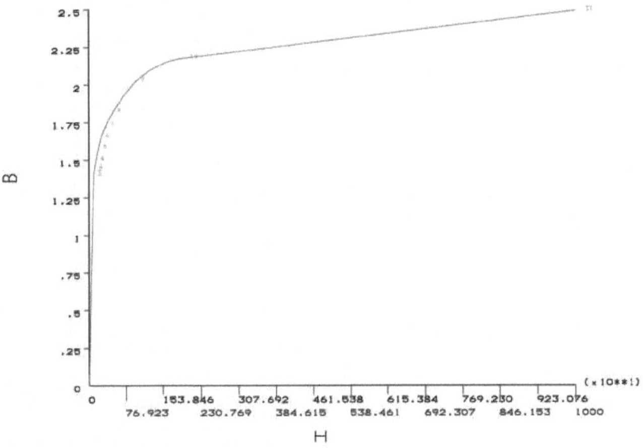

Abbildung 98: $B - H$ – Kennlinie des Werkstoffes **VACOFLUX®50** mit **ANSYS®**

Hinsichtlich der Ergebnisse aus **ANSYS®** lässt sich folgende Spule ableiten:

- $d^i_{Spule} = 0,4m$
- $l_{Spule} = 0,4m$
- speisender Strom: I ca.$60A$
- für gewähltes Spulenmaterial Kupfer: $d_{Draht} = 4mm$
- 40 Windungslagen pro mm
- $d^a_{Spule} = 0,72m$
- $m_{Spule} = 706kg$

Messanordnung ohne Einfluss der Dichte des Probekörpermaterials und der Fixierung

Die Induktivität einer Spule ist eine einfach zu messende Apparategröße und damit als Steuerungsgröße sehr gut geeignet. Elektrotechnisch kann die permeable Kugel als Kern einer Spule betrachtet werden. Bei Veränderung der Lage des Kerns (der Kugel) durch strömungsbedingte Krafteinwirkung in vertikaler Richtung, ändert sich die messbare Induktivität der Spule. Um die Ausgangslage wieder herzustellen, muss die Induktivität nachgeregelt werden. Der Vorteil besteht dabei darin, dass die Regelung sehr direkt und die Regelzeit extrem kurz gestaltet werden kann.

Für die vorliegende Problemstellung werden erste Ansätze zur analytischen Berechnung der Induktivität gegeben, wobei nur die Selbstinduktivität L_{ii} der Leiterschleife betrachtet wird. In Abbildung 99 sind die Verhältnisse und relevanten Größen zur Selbstinduktivität einer dünnen Leiterschleife C mit der kreisrunden Querschnittsfläche A_q, dem Radius R und der gestreckten Länge l in Form von Schnittbildern grafisch dargestellt.

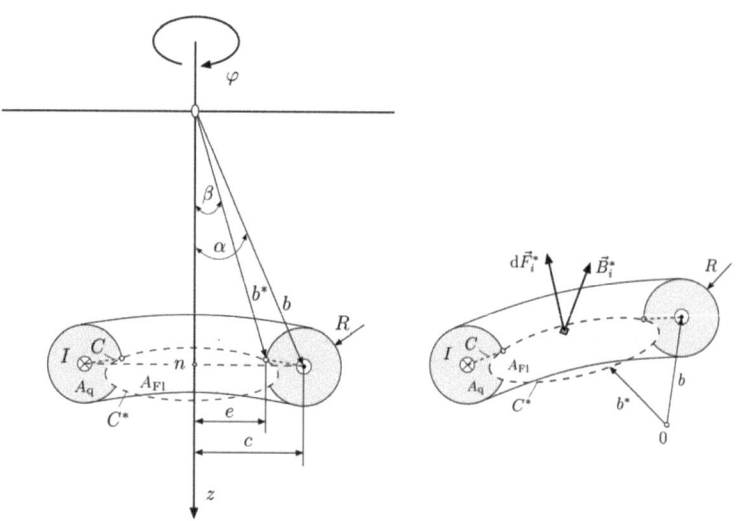

Abbildung 99: Selbstinduktivität einer dünnen Leiterschleife

Die Selbstinduktivität setzt sich aus der inneren Selbstinduktivität L_0 und äußeren Selbstinduktivität L_a zusammen. Die innere Selbstinduktivität resultiert aus der innerhalb

Messanordnung ohne Einfluss der Dichte des Probekörpermaterials und der Fixierung

des dünnen Leiters gespeicherten magnetischen Energie. Die äußere Induktivität berechnet sich aus der magnetsichen Flussdichte $\vec{B}$, die die vom Leiter nach innen begrenzte Fläche A_{Fl}^* der Kontur $C*$ durchsetzt. Unter der Voraussetzung eines homogenen Mediums mit konstanter Permeabilität kann mit Gleichung 129 die Steuerfunktion für eine Spule abgeleitet werden, in deren eingeschlossenem Raum eine Permeabilität von μ_0 herrscht. Für den Spezialfall eines Kerns der Permeabilität $\mu_0 \cdot \mu_r$ muss zusätzlich noch die Störinduktivität berücksichtigt werden.

$$L_{ii} = \frac{\mu c}{4} + \mu_e \pi b^* \sum_{n=1}^{\infty} \frac{1}{n(n+1)} \left(\frac{b^*}{b}\right)^{n+1} F_n(\cos \alpha) \, F_n(\cos \beta) \quad \text{Gleichung 129}$$

8 FAZIT UND AUSBLICK

In dieser Arbeit wurden verschiedene Strukturen, wie Kugelagglomerate, regelmäßig aufgebaute Würfel- und Tetraederstrukturen sowie zweistufig aufgebaute Fraktalagglomerate in verschiedenen Geschwindigkeitsbereichen hinsichtlich ihres Widerstandsverhaltens in Strömungen untersucht. Die Messmethoden wurden dabei sowohl bei der Sedimentation als auch bei der mechanischen Fixierung weiterentwickelt, so dass Aussagen für den laminaren Re-Zahlbereich bis in den turbulenten Bereich getroffen werden können.

Als schwierig kann, wie immer bei der strömungstechnischen Untersuchung von gerade irregulär und komplex aufgebauten Körpern, die Interpretation und der Einsatz der Re-Zahl eingestuft werden. Als Folge kann auch hier keine strenge Trennung der laminaren von der turbulenten Strömungsform vorgenommen werden, da diese konventionell und theoretisch auf diesen Zahlenwert der Ähnlichkeitsbetrachtung beruht. Lediglich numerische Berechnungen und berührungslose Messmethoden, wie Laser-Diffraktometrie oder Particle-Image-Velocimetry, sind in der Lage, die Strömungsformen eindeutig zu identifizieren. An dieser Stelle werden die Begriffe deshalb in Anlehnung an die Kugelumströmung gebraucht. Die numerischen Strömungsberechnungen für komplex aufgebaute Agglomeratstrukturen beruhen zum heutigen Stand (Ausnahmen bilden einige einfache Problemstellungen unter streng laminaren Bedingungen) noch auf vereinfachten Modellvorstellungen sowie Start- und Randbedingungen und sind deshalb nur bedingt zuverlässig. Es existiert keine geschlossene Lösung für turbulente Strömungsvorgänge.

Über weite Strömungsbereiche wurden die Widerstandskräfte von den Agglomeratstrukturen gemessen und die zugehörigen c_W-Werte berechnet. Die Strömungsverhältnisse lagen vom laminaren Bereich bis in den turbulenten Bereich nahe der kritischen **REYNOLDS**-Zahl. Die ermittelten c_W-Werte wurden anschließend ins Verhältnis zu denen projektionsflächenäquivalenter Kugeln gesetzt, da Vollkugeln geometrisch einfach aufgebaute und vielfach untersuchte Körper sind. Sie eignen sich daher sehr gut als Referenzsystem.

Außerdem wurde ein Modell - das Porenmodell - für offene Agglomeratstrukturen vorgeschlagen, das auf dem Hinzufügen von durchgehenden geraden Öffnungen entsprechender Größenordnung in Vollkugeln basiert. Die Wahl des Porensystems ist

Fazit und Ausblick

dabei an bekannte geometrische und strukturelle Eigenschaften der Agglomerate angelehnt.

Neben der Modellierung wurde das Widerstandsverhalten der Agglomerate im Zusammenhang betrachtet und die physikalisch begründete Vorstellung der Wirkung von Druck- und Reibungskräften unter verschiedenen Relativgeschwindigkeiten qualitativ bestätigt. Weiterhin wurde ein quantitativer Bezug des Widerstandes zur umströmten Oberfläche hergestellt. Im turbulenten Bereich kann auch eine.Beziehung zu weiteren geometrischen Größen, wie der Primärpartikelanzahl und -größe, angegeben werden.

Zur Untermauerung und Verfeinerung der in dieser Arbeit dokumentierten Modellvorstellungen werden experimentelle Untersuchungen in weiteren Re-Zahlbereichen und mit weiteren Agglomeratstrukturen vorgeschlagen. Diese können unter nahezu idealen Bedingungen mit einer berührungslosen Magnetfeldmessmethode realisiert werden. Für eine solche magnetische Fixierung wurden die elektrotechnischen Grundberechnungen und Voraussetzungen angegeben. Eine Kombination dieser berührungslosen Fixierung mit o.g. ebenfalls berührungslosen Strömungsmessmethoden bietet hervorragende Möglichkeiten der strömungstechnisch störungsfreien Untersuchung komplex aufgebauter Körper.

Die Möglichkeiten der Simulation solch komplexer Strukturen erfordert einen relativ hohen Zeit- und Rechenaufwand, kann aber in Kombination mit praktisch gewonnenen Erkenntnissen vertrauensvolle Ergebnisse liefern.

Literaturverzeichnis

[1] SIGLOCH, H.
Technische Fluidmechanik
VDI Verlag GmbH, 1996

[2] RIEBEL, U.
Einführungsvorlesung Mechanische Verfahrenstechnik
Vorlesungsskript, Brandenburgische Technische Universität Cottbus, 2001

[3] WAHEED, M. A.
Fluiddynamik und Stoffaustausch bei freier und erzwungener Konvektion umströmter Tropfen
Berichte aus der Verfahrenstechnik; Shaker Verlag Aachen 2001

[4] IHME, F.; SCHMIDT-TRAUB, H.; BRAUER, H.
Theoretische Untersuchungen über die Umströmung und den Stoffübergang von Kugeln
Chemie-Ing.-Techn. 44 (1972) 5

[5] WAGNER, W.
Strömungstechnik und Druckverlustberechnung
Würzburg; Vogel Verlag und Druck KG, 1990

[6] BRAUER, H.; SUCKER, D.
Umströmung von Platten, Zylindern und Kugeln
Chemie-Ing.-Techn. 48. Jahrg. 1976 / Nr. 8

[7] OSEEN, C. W.
Über die STOKES'sche Formel und über eine artverwandte Aufgabe in der Hydrodynamik
Ark. F. Mat. Astron. Och Fysik, 6 (1910) 29

[8] BRAUER, H.;
Impuls-, Stoff und Wärmetransport durch die Grenzfläche kugelförmiger Partikeln
Chemie-Ing.-Techn. 45. Jahrg. 1973 / Nr. 18

[9] ZIEREP, J.; BÜHLER, K.
Strömungsmechanik
Berlin, Heidelberg, New York; Springer Verlag, 1991

[10] GERHARDT, P. M.; GROSS, R. J.; HOCHSTEIN, J. I.
Fundamentals of Fluid Mechanics
Massachusetts, USA: Addison-Wesley Publishing Company; Reading; 1992

[11] JIRKA, G. H.
Hydromechanik I und II
Skript zu den Lehrveranstaltungen vom Institut für Hydromechanik (IfH) der Universität Karlsruhe; 28.11.2005
<http:www.hydro.ifh.uni-karlsruhe.de/download/Kap04ps.pdf>

Literaturverzeichnis

[12] TÖDTEN, H.
Das Absetzverhalten poröser Partikel im ruhenden Medium
Wasserwirtschaft 77, S. 236-246; (1987) 5

[13] KAULITZKY, J.
Untersuchungen zur Regeneration herkömmlicher und neuartiger Filtermaterialien zur Tiefenfiltration trübstoffbelasteter Wässer
Dissertation, Institut an der Gerhard-Mercator-Universität – GH Duisburg; Eigenverlag; Mühlheim an der Ruhr; 1999

[14] ADOLPHI, G. ET AL.
Lehrbuch der chemischen Verfahrenstechnik
VEB Verlag für Grundstoffindustrie; Leipzig, 1967

[15] BOLLRICH, G.
Technische Hydromechanik 1
Verlag Bauwesen; Berlin; 2000

[16] STÖDTER, A.
Rohrhydraulik und Verluste
Vorlesungsskript; 26.02.2003; 14.06.2005
http://193.175.110.5/cole/hy_files/vorlesungen/V3.pdf

[17] AIGNER, D.
Hydraulische Bemessung von Freigefälledruckleitungen zum Abwassertransport
Merkblatt; Landesamt für Umwelt und Geologie, Sachsen; Mai 2003

[18] ZANKE, U.
Zur Berechnung von Strömungs-Widerstandsbeiwerten
Wasser und Boden 45; 1993 Nr. 1 ; Verlag Paul Paray; Hamburg

[19] AY, P.; SCHORNING, D.
Untersuchung und Modellierung des Durchströmungsverhaltens von in Flüssigkeiten bewegten Agglomeratstrukturen
Bericht für die Deutsche Forschungsgemeinschaft, unveröffentlicht, 1994

[20] FRIED, E.; IDELCHIK, I.E.
Flow Resistance: A Design Guide for Engineers
Hemisphere Publishing Corporation; New York, Washington, Philadelphia, London; 1989

[21] JOHNSON, C.P.; LOGAN, B.E.
Settling velocity of fractal aggregates
Environmental Science & Technology, Vol. 30, No. 6, 1996, pp. 1911-1918

[22] GREENKORN, R.A.
Steady Flow through Porous Media
AIChE Journal (1981); 27(4); S. 529 – 545

Literaturverzeichnis

[23] *BERNINGER, R.; VORTMEYER, D.*
Die Umströmung von Hindernissen in Schüttungen
Chem.-Ing.-Tech. (1987); 59(3); S. 224 – 227

[24] *NEALE, G.; EPSTEIN, N.; NADER, W.*
Creeping flow relative to permeable spheres
Chemical engineering science; 1973; Vol. 28; pp. 1865-1874

[25] *OOMS, G.; MIJNLIEFF, P.F.; BECKERS, L.*
Frictional force exerted by a flowing fluid on a permeable particle, with particular reference to polymer coils
The journal of chemical physics; 53; (1970); 11; pp. 4123-4130

[26] *HAYES, R.E.; AFACAN, A.; BOULANGER, B.*
An equation of motion for an incompressible Newtonian fluid in a packed bed
Transport in porous media 18; pp. 185-198; 1995

[27] *BRAUNS, D.; SCHNEIDER, K.*
Durchströmung und Kapillarität von Schüttgütern
Chemie-Ing.-Techn. 38, Jahrg. 1966 / Heft 1

[28] *DAVIS, R.H.; STONE, H.A.*
Flow through beds of porous particles
Chemical Engineering Science, Vol. 48, No. 23, pp. 3993-4005, 1993

[29] *MICHALOPOULOU, V.N.; BURGANOS, V.N.; PAYATAKES, A.C.*
Hydrodynamic interactions of two permeable particles moving slowly along their centerline
Chemical Engineering Science, Vol. 48, No. 16, pp. 2889-2900, 1993

[30] *VEERAPANENI, S.; WIESNER, M.R.*
Hydrodynamics of fractal aggregates with radially varying permeability
Journal of colloid and interface science 177, 45-47 (1996), Article No. 0005

[31] *BRYANT, S.L.; MELLOR, D.W.; CADE, C.A.*
Physically representative network models of transport in porous media
AIChE Journal, March 1993 Vol. 39, No. 3

[32] *FAND, R. M.; KIM, B.Y.K.; LAM, A.D.D.; PHAN, R.T.*
Resistance to the flow of fluids through simple and complex porous media whose matrices are composed of randomly packed spheres
Journ. of Fluids Eng. (1987); 109(3); S. 268 – 274

[33] *SUTHERLAND, D.N.; TAN, C.T.*
Sedimentation of a porous sphere
Chemical engineering science; 1970; Vol. 25; pp. 1948-1950

Literaturverzeichnis

[34] TÖTDEN, H.
Das Absetzverhalten poröser Partikel im ruhenden Medium
Wasserwirtschaft 77 (1987)5; S. 236-246

[35] BERNSDORF, J.; GÜNNEWIG, O.; HAMM, W.; MÜNKER, M.
Strömungsberechnung in porösen Medien
GIT Labor-Fachzeitschrift 4/99 S. 387-390

[36] VAN DUSSCHOTEN, D.; VAN NOORT, J.; VAN AS, H.
Displacement Imaging in Porous Media Using the Line Scan NMR Technique
Geoderma 80 (1997); S. 405 – 416

[37] SUCCI, S.; FOTI, E.; GRAMIGNANI, M.
Flow through geometrically irregular media with lattice gas automata
Meccanica 25 (1990), 253-257

[38] FAIRBANKS, H.V.; CHEN, W.I.
Ultrasonic acceleration of liquid flow through porous media
Chemical Engineering Progress Symposium Series (1971); 67(109); pp. 108 –116

[39] POLKE, R.; HERRMANN, W.; SOMMER, K.
Charakterisierung von Agglomeraten
Chem.-Ing.-Tech. 51 (1979) Nr. 4, S. 283-288

[40] MICHALOPOLOU, A.C.; BURGANOS, V.N.; PAYATAKES, A.C.
Creeping axisymmetric flow around a solid particle near a permeable obstacle
AIChE Journal August 1992 Vol. 38, No. 8

[41] WHITAKER, S.
Diffusion in packed beds of porous particles
AIChE Journal, April 1988, Vol. 34, No. 4

[42] MATSUMOTO, K.; SUGANUMA, A.; KUNII, D.
Effect of permeability on the settling velocity of an actual floc
Chemical engineering science; 33 (1978); 1554-1556

[43] CHANG, H.C.; LAHBABI, A.
High Reynolds Number Flow Through Cubic Arrays of Spheres
Chemical Eng. Science (1985); 40(3); S. 435 - 447

[44] BENTZ, D.P.; MARTYS, N.S.
Hydraulic radius and transport in reconstructed model three-dimensional porous media
Transport in porous media 17: 221-238, 1994

Literaturverzeichnis

[45] WEBB, C.; BLACK, J.; ATKINSON, B.
 Liquid Fluidisation of Highly-Porous Particles
 Chemical Engineering Research and Design, CERD (1983); 61(2); S. 125 – 134

[46] MASHLIYAH, J.B.; POLIKAR, M.
 Terminal velocity of porous spheres
 The Canadian journal of chemical engineering; 58 (1980)6; 299-302

[47] DEEPAK, P.D.; BHATIA, S.K.
 Transport in capillary network models of porous media: theory and simulation
 Chemical Engineering Science, Vol. 49, No. 2, pp. 245-257, 1994

[48] SAEGER, R.B.; SCRIVEN, L.E.; DAVIS, H.T.
 Transport processes in periodic porous media
 J. Fluid Mech. (1995), Vol. 229, pp. 1-15

[49] PREISLER, G.; BOLLRICH, G.
 Hydrodynamik/1
 VEB Verlag für Bauwesen, Berlin 1985, 2., bearbeitete Auflage

[50] BUSCH, K.-F., LUCKNER, L., TIEMER, K.
 Lehrbuch der Hydrogeologie, Band 3: Geohydraulik
 Gebrüder Borntraeger, Berlin-Stuttgart 1993, 3., neubearbeitete Auflage

[51] GERSTEN, K.
 Einführung in die Strömungsmechanik
 Vieweg: Braunschweig, Wiesbaden, 1991, 6., überarbeitete Auflage

[52] AY, P.; VÖGL, M.;SCHORNING, D.; VON THÜNEN, H.
 Untersuchung und Modellierung des Durchströmungsverhaltens von in Flüssigkeiten bewegten Agglomeratstrukturen
 Bericht für die Deutsche Forschungsgemeinschaft, unveröffentlicht, 1996

[53] BÖHM, A.
 Vergleich von Agglomeratstrukturen im Sedimentationsversuch mit Äquivalentkugeln nach der Theorie
 Studienarbeit; Brandenburgische Technische Universität Cottbus; 2003 (unveröffentlicht)

[54] **Quantimet 600 User Manual – Volume 1**
 LEICA Image Processing and Analysis Systems

[55] FLUENT INC.
 GAMBIT 1.3 Modelling Guide
 Ausgabe auf CD-ROM; Mai 2000

Literaturverzeichnis

[56] *FLUENT INC.*
GAMBIT 1.3 User´s Guide
Ausgabe auf CD-ROM; April 2000

[57] *FLUENT INC.*
FLUENT 5.4 User´s Guide
Ausgabe auf CD-ROM; April 1999

[58] *LIPOWSKY, J.*
Simulation der Um- und Durchströmung von einfach aufgebauten Modellagglomeraten und fraktalen Agglomeratstrukturen
Diplomarbeit; Brandenburgische Technische Universität Cottbus; 2001; unveröffentlicht

[59] *MARQUARDT, M.*
Sedimentationsuntersuchungen von Agglomerat-Strukturen
Bachelor Thesis; Brandenburgische Technische Universität Cottbus; 2002 (unveröffentlicht)

[60] *WINKLER, A.*
Untersuchungen zum Durch- und Umströmungsverhalten von Agglomeratstrukturen
Studienarbeit; Brandenburgische Technische Universität Cottbus; 2005 (unveröffentlicht)

[61] *DIETRICH, B.*
Untersuchungen zum Um- und Durchströmungsverhalten von mechanisch fixierten Agglomeraten
Studienarbeit; Brandenburgische Technische Universität Cottbus; 2002 (unveröffentlicht)

[62] *SARTORIUS MICRO*
Elektronische Analysen-, Semimikro- und Mikrowaagen, Aufstellungs- und Betriebsanleitung
SARTORIUS AG; Göttingen 2000

[63] persönliche Korrespondenz mit Herrn Schneider der *SARTORIUS AG*; Göttingen; Juli 2002

[64] *JURTHE, C.*
Untersuchungen zum Um- und Durchströmungsverhalten von mechanisch fixierten Agglomeraten
Studienarbeit; Brandenburgische Technische Universität Cottbus; 2004 (unveröffentlicht)

[65] *SALZBRENNER, J.*
Ermittlung einer Formel, welche die Strömungswiderstandskraft eines mechanisch fixierten Kugel-Faden-Systems beschreibt
Studienarbeit; Brandenburgische Technische Universität Cottbus; 2003 (unveröffentlicht)

Literaturverzeichnis

[66] BRADSHAW, P.; LAUNDER, B.E.; LUMLEY, J.L.
Collabarorative Testing of Turbulence Models
Jounal of Fluids Engineering; 118; 243-247; 1996

[67] CALIS, H.P.A.; NIJENHUIS, J.; DAUTZENBERG, F.M.; VAN DEN BLEEK, M.
CFD Modeling and Experimental Validation of Pressure Drop and Flow Profile in a Novel Structured Catalytic Reactor Packing
Chemical Engineering Science; 56; 1713-1720; 2001

[68] BOLL, D.
Sphere Packings
1998; 24.1.2000
http://www.frii.com/~dboll/packing.html

[69] ADOLPHI, G. ET AL.
Lehrbuch der chemischen Verfahrenstechnik
VEB Verlag für Grundstoffindustrie; Leipzig, 1969

[70] TRUCKENBRODT, E.
Lehrbuch der angewandten Fluidmechanik
Berlin, Heidelberg, New York, Tokio; Springer Verlag, 1983

[71] VEREIN DEUTSCHER INGENIEURE, VDI GESELLSCHAFT VERFAHRENSTECHNIK UND CHEMIEINGENIEURWESEN (GVC)
VDI-Wärmeatlas
Berlin, Heidelberg, New York; Springer Verlag, 1997

[72] BRAUNS, D.; SCHNEIDER, K.; **Durchströmung und Kapillarität von Schüttgütern;**
Chemie-Ing.-Techn. 38; Jahrgang 1966 / Heft 1

[73] KOCH, C.
Theoretische Betrachtungen zur Beschreibung des Um- und Durchströmungsverhaltens fraktaler Agglomeratstrukturen
Studienarbeit; Brandenburgische Technische Universität Cottbus; 2001 (unveröffentlicht)

[74] FICHTENHOLZ, G.M.
Differential- und Integralrechnung Bd. 2
Verlag Harri Deutsch; 1990

[75] KALIDE, W.
Einführung in die technische Strömungslehre
Carl Hanser Verlag; München, Wien; 1990

[76] LEPPMEIER, M.
Kugelpackungen von Kepler bis heute
Braunschweig / Wiesbaden; 1997

Literaturverzeichnis

[77] *AIGNER, D.*
Hydraulische Bemessung von Freigefälledruckleitungen zum Abwassertransport
Merkblatt; Landesamt für Umwelt und Geologie Freistaat Sachsen; Mai 2003

[78] *PRANDTL, L.; OSWATITSCH, K.; WIEGHARDT, K.*
Führer durch die Strömungslehre
Vieweg Verlag; 1990

[79] *HIRRLE, S.*
Theoretische Vorbetrachtungen zum Aufbau einer berührungslosen Magnetfeldmessmethodik zur Erforschung der Agglomeratdurchströmung
Studienarbeit; Brandenburgische Technische Universität Cottbus; 2002 (unveröffentlicht)

[80] *VACUUMSCHMELZE GMBH*
2002; 24.07.2002
http://www.vacuumschmelze.de/home_vac.nsf$frameset/start

[81] *SOMMERFELD, A.*
Vorlesungen über theoretische Physik: Elektrodynamik; Bd. 3
Verlag Harri Deutsch, 1988

[82] *SCHÖPPE, T.*
Beitrag zur Entwicklung eines Antriebes im Linksherzunterstützungssystem
Diplomarbeit; Brandenburgische Technische Universität Cottbus; 1999; unveröffentlicht

[83] *STRATTON, J. A.*
Electromagnetic Theory
International Series in Pure and Applied Science
McGraw-Hill; New York and London; 1941

[84] *MARINESCU, M.*
Elektrische und Magnetische Felder: Eine praxisorientierte Einführung
Springer-Verlag; Berlin; 1996

[85] *KRÖGER, R.; UNBEHAUEN, R.*
Elektrodynamik; 2. Aufl.
Teubner-Verlag; Stuttgart; 1990

[86] *LEHNER, G.*
Elektromagnetische Feldtheorie für Ingenieure und Physiker
Springer-Verlag; Berlin; 1990

[87] *JACKSON, J. D.*
Klassische Elektrodynamik
Walter de Gruyter; Berlin; 1983

Literaturverzeichnis

[88] MICHALOWSKY, L. et al.
Magnettechnik: Grundlagen und Anwendungen
Fachbuchverlag Leipzig; Leipzig; 1995

[89] BRANDT, S.; DAHMEN, H. D.
Elektrodynamik: Eine Einführung in Experiment und Theorie, 3. Aufl.
Springer-Verlag; Berlin; 1997

[90] HAFNER, C.
Numerische Berechnungen elektromagnetischer Felder
Springer-Verlag; Berlin; 1987

[91] KOST, J.
Numerische Methoden in der Berechnung elektromagnetischer Felder
Springer-Verlag; Berlin; 1994

[92] LÖFFLER, F.; RAASCH, J.
Grundlagen der mechanischen Verfahrenstechnik
Vieweg & Sohn: Braunschweig, 1992

[93] **DIN 1342-1**
Viskosität - Teil 1: Rheologische Begriffe
Beuth Verlag; 2003-11

[94] OERTEL, H. jr.
Prandtl-Führer durch die Strömungslehre
Vieweg & Sohn; Braunschweig / Wiesbaden; 2001

Die Angaben zum Zitieren von Internet-Dokumenten erfolgten nach folgendem Schema:
Name, Vorname; Titel des Dokuments; Datum der Veröffentlichung im Internet; Datum des Zugriffs; <URL (Uniform Resource Locator)>

Verzeichnis verwendeter Abkürzungen, Formelzeichen und Indices

Verzeichnis verwendeter Abkürzungen, Formelzeichen und Indices

Abkürzungen:

Abb.	Abbildung
Aufl.	Auflage
AW	Amperewindung
Bd.	Band
et al.	und andere (bei Autorenangaben aus dem Lateinischen: et aliae)
J.	Jahr
jr.	junior
math.	Mathematisch
o.	ohne
PA	Polyamid
PVC	Polyvinylchlorid
POM	Polyoxymethylen
Re	Reynolds-(Zahl)
s.	siehe
u.	und
u.U.	unter Umständen

Formelzeichen:
deutsch:

a	Abstand der Kugeloberfläche vom Mittelpunkt (Kap. 7)	[m; mm]
b	Abstand der Leiterschleife vom Mittelpunkt	[m; mm]
a_P	Partikelradius in Kapitel 3.1	[m; mm]
A	Fläche (in Kapitel 2.1.1)	[m²]
A	magnetisches Vektorpotenzial (Kap. 7)	[V*s/m]
B	Induktion (magnetische Flussdichte)	[V*s/m²; T]
c	Geschwindigkeit (in Kapitel 2.1.1)	[m/s]
C	Koeffizient	[/]
C_n	Konstante	[/]

Verzeichnis verwendeter Abkürzungen, Formelzeichen und Indices

$C*$	Kontur der von der Leiterschleife aufgespannten inneren kreisrunden Fläche mit dem Radius e	[/]
d	Charakteristische Länge / Abmessung; Durchmesser des Probekörpers	[m]
D	fraktale Dimension / Geschwindigkeitsgradient (in Kapitel 2.1.1)	[/]
D_n	Konstante	[/]
e	Basis des Natürlichen Logarithmus / EULERsche Zahl	[/]
F	Kraft	[N; kg*m/s²]
g	Erdbeschleunigung	[m/s²]
$grad$	Gradient (math.)	[/]
h	Höhe / Füllstand	[m]
H	geodätische (Druck-) Höhe oder Magnetische Feldstärke (im Kapitel 7 - Elektrotechnik)	[m] [A/m]
i	Laufvariable	[/]
I	elektrische Stromstärke	[A]
k	Oberflächenrauhigkeit	[/]
K	Strombelag	[A/m]
l	Länge; eingetauchte / benetzte Fadenlänge	[m]
L	Selbstinduktivität	[H; V*s/A]
m	Masse	[kg]
n	Anzahl (der Partikel / Kugeln)	[Stück]
n	Kugelschale (Kap. 7) oder Laufindex (math.)	[/]
N	Gesamtanzahl der Partikel / Kugeln	[Stück]
p	Druck	[bar; Pa]
P	zugeordnetes **LEGENDRE**-Polynom	[/]
r	Radius	[m; mm]
R	Residuen	[/]
rot	Rotation	[/]
s	Weg	[m]
S	Stufenzahl	[/]
t	Zeit	[s]
T	Temperatur	[°C]
u	Messunsicherheit der Waage	[mg]

Verzeichnis verwendeter Abkürzungen, Formelzeichen und Indices

v	Geschwindigkeit	[m/s]
$\bar{v}$	mittlere Geschwindigkeit	[m/s]
V	Volumen	[m³]
VH	Verhältnis d_A zu $d_{u,b}$	[/]
x,y,z	Raumrichtungen oder Ausdehnung in Raumrichtungen	[/; m]
X	Koordinaten der Zellgrenzen	
Y	Koordinaten der Zellgrenzen	

griechisch:

α	Winkel	[°]
β	Winkel	[°]
γ	Anströmwinkel	[°]
ϑ	Winkel	[°]
Δ	Differenz / Unterschied	[/]
ε	Porosität	[/]
η	dynamische Viskosität	[Pa*s; N*s/m²; kg/(m*s)]
θ	Umfangswinkel einer Kugel, vertikal	[°]
Θ	allgemeine Form einer zu bilanzierenden Größe	[/]
ν	kinematische Viskosität	[m²/s]
ρ	Stoffdichte Feststoffkonzentration in Kapitel 3.1	[kg/m³; g/cm³]
τ	Schub-/ Scherspannung	[N/m²; kg/(m*s)]
φ	Umfangswinkel einer Kugel, horizontal	[°]
Φ	Koeffizient	[/]
ξ	Formfaktor	[/]
μ	Permeabilität = $\mu_0 * \mu_r$	[V*s/A*m]
μ_r	relative Permeabilität (stoffspezifisch)	[/]
μ_0	absolute Permeabilität (Vakuum)	[V*s/A*m]

Indices:

a	außen / lineare Koeffizienten der diskretisierten Transportgleichung
A	Agglomerat
b	berechnet / Grenze zu den Nachbarzellen in Richtung der z-Achse

Verzeichnis verwendeter Abkürzungen, Formelzeichen und Indices

B	Buoyancy / Auftrieb / Nachbarzellen in Richtung der z-Achse
C	Koerzitiv~
D	Druck
e	Erreger~ / Grenze zu den Nachbarzellen in Richtung der x-Achse
E	Nachbarzellen in Richtung der x-Achse
fl	Fluid / flüssig / Flüssigkeit
fs	Feststoff / fest
F	Herstellungsform
FA	Fraktalagglomerat
Fi	Fixierung / Faden / Draht
g	gemessen
ges	gesamt
gl	gleichwertig
G	Gewicht
i	ideal oder innen (Kap. 7)
in	innen
j	Projektion / projektionsflächenäquivalent
K	Kugel
$K1$	Kugel mit gleicher v und ρ_{fs} wie das Agglomerat
$K2$	Kugel mit gleichem $d_{j,b}$ und ρ_{fs} wie das Agglomerat
$K3$	Kugel mit gleichem v und $d_{j,b}$ wie das Agglomerat
$K4$	Kugel mit gleichem V_{fs} und ρ_{fs} wie das Agglomerat
KA	Kugelagglomerat
KK	Kugelkalotte
kr	kritisch
m	~Ordnung
max	maximal / Maximum
$mean$	Wert im Hauptstrom
min	minimal / Minimum
Mod	Modell
n	Grenze zu den Nachbarzellen in Richtung der y-Achse
N	Nachbarzellen in Richtung der y-Achse
O	Oberfläche
P	Pore / aktuell bilanzierte Zelle

Verzeichnis verwendeter Abkürzungen, Formelzeichen und Indices

PA	Primäragglomerat / 1. Stufe
PE	Poreneintritt
PP	Primärpartikel
q	Querschnitt
R	Reibung
s	Grenze zu den Nachbarzellen in Richtung der y-Achse
S	Sättigung / Nachbarzellen in Richtung der y-Achse
sed	Sedimentation
SA	Sekundäragglomerat / 2. Stufe
t	Grenze zu den Nachbarzellen in Richtung der z-Achse
T	Nachbarzellen in Richtung der z-Achse
$theor$	theoretisch / nach Theorie
u	umhüllend
w	Grenze zu den Nachbarzellen in Richtung der x-Achse
W	Widerstand / Nachbarzellen in Richtung der x-Achse
Wa	Wachs
x,y,z	Raumrichtungen im kartesischen Koordinatensystem
0	Anfang(-szustand)
∞	unendlich (z.B. in theoretisch unendlich großer Entfernung vor dem Probekörper)

Anhang A

UDF

Der unten dargestellte Sourcecode beinhaltet die in dieser Arbeit verwendeten User defined functions

```
000 /**************************************************************/
001 /* vprofile.c D:\User\Fluent\Udf\vprof_3d_u1.udf */
002 /**************************************************************/
003
004 #include "udf.h"
005
006 // Konstanten
007
008 #define YMIN 0 //minimaler Radius
009 #define YMAX 0.2 //maximaler Radius
010 #define UMEAN 0.009112 //mittlere Geschwindigkeit
011 #define K 0.791 //Faktor turbulente Maximalgeschwindigkeit
012 #define B 1.0/7.0 //Potenz f\"{u}r power-law
013 #define VISC 1e-06 //dynamische Viskosit\"{a}t
014 #define CMU 0.09 //Modell-Konstante aus ke-Modell
015 #define VKC 0.41 //Karman-Konstante
016
017
018 // externe Variablen
019
020 extern Domain* domain; //Zeiger auf den in FLUENT definierten Stroemungsraum
021
022
023 // laminares Geschwindigkeitsprofil
024
025 void vprof_lam_3d(Thread *thread, //Pointer auf Randbedingung
026 int store_pos){ //Speicherpos. aktueller Groesse
027 real coord[ND_ND], //Koordinaten einer Zelle
028 dist, //Abstand Mittelachse-Zelle
029 ufree; //Leerrohrgeschwindigkeit
030 face_t face; //einzelne Zelle der Grenze
031
032 ufree=2*UMEAN;
033 begin_f_loop(face, thread) //Schleife ueber gesamte Grenze
034 {
035 F_CENTROID(coord,face,thread); //bestimmt Koordinaten der Zelle
036 dist = sqrt(coord[1]*coord[1]+coord[2]*coord[2]);
037 F_PROFILE(face, thread, store_pos) =
038 ufree - ufree*((dist*dist)/(YMAX*YMAX));
039 //weist Wert Zelle zu
040 }
041 end_f_loop(face, thread)
042 }
043
044
045 // turbulentes Geschwindigkeitsprofil
046
047 void vprof_tur_3d(Thread* thread, //Pointer auf Randbedingung
048 int store_pos){ //Speicherpos. aktuelle Groesse
049 real coord[ND_ND], //Koordinaten einer Zelle
050 dist, //Abstand Mittelachse-Zelle
051 radius, //Rohrradius
052 ufree, //Leerrohrgeschwindigkeit
053 ff, //Rohrreibungszahl
054 utau; //Schubspannungsgeschwindigkeit
055 face_t face; //einzelne Zelle der Grenze
056
057 radius = YMAX - YMIN;
058 ufree = UMEAN/K;
059 ff = 0.045/pow(ufree*radius/VISC,0.25);
060 utau=sqrt(ff*pow(ufree,2.)/2.0);
061 begin_f_loop(face, thread) //Schleife ueber gesamte Grenze
062 {
063 F_CENTROID(coord,face,thread); //bestimmt Koordinaten der Zelle
064 dist = sqrt(coord[1]*coord[1]+coord[2]*coord[2]);
065 F_PROFILE(face,thread,store_pos) =
066 ufree+(utau/0.35)*(log(1-sqrt(dist/radius))+sqrt(dist/radius));
```

Anhang A

```
067 //weist Wert Zelle zu
068 }
069 end_f_loop(face, thread)
070 }
071
072
073 // Profil fuer Dissipationsrate turbulente kinetische Energie
074
075 void dprof_tur_3d(Thread* thread, //Pointer auf Randbedingung
076 int store_pos){ //Speicherpos. aktuelle Groesse
077 real dist, //Abstand Mittelachse-Zelle
078 coord[ND_ND], //Koordinaten einer Zelle
079 radius, //Rohrradius
080 ufree, //Leerrohrgeschwindigkeit
081 ff, //Rohrreibungszahl
082 utau, //Schubspannungsgeschwindigkeit
083 knw, //kin. Energie in Wandnaehe
084 kinf, //kin. Energie im Freistrom
085 mix, //Mischungsweg
086 kay; //kin. Energie aktuelle Zelle
087 face_t face; //einzelne Zelle der Grenze
088 radius = YMAX - YMIN;
089 ufree = UMEAN/K;
090 ff = 0.045/pow(ufree*radius/VISC,0.25);
091 utau=sqrt(ff*pow(ufree,2.)/2.0);
092 knw=pow(utau,2.)/sqrt(CMU);
093 kinf=0.002*pow(ufree,2.);
094 begin_f_loop(face, thread) //Schleife ueber gesamte Grenze
095 {
096 F_CENTROID(coord,face,thread); //bestimmt Koordinaten der Zelle
097 dist = sqrt(coord[1]*coord[1]+coord[2]*coord[2]);
098 kay=knw+(radius-dist)/radius*(kinf-knw);
099 if (VKC*dist < 0.085*radius)
100 mix = VKC*dist;
101 else
102 mix = 0.085*radius;
103 F_PROFILE(face,thread,store_pos)=pow(CMU,0.75)*pow(kay,1.5)/mix;
104 //weist Wert Zelle zu
105 }
106 end_f_loop(face, thread)
107 }
108
109
110 // Profil fuer turbulente kinetische Energie
111
112 void kprof_tur_3d(Thread* thread, //Pointer auf Randbedingung
113 int store_pos){ //Speicherpos. aktuelle Groesse
114 real coord[ND_ND], //Koordinaten einer Zelle
115 dist, //Abstand Mittelachse-Zelle*
116 radius, //Rohrradius
117 ufree, //Leerrohrgeschwindigkeit
118 ff, //Rohrreibungszahl
119 utau, //Schubspannungsgeschwindigkeit
120 knw, //kin.Energie in Wandnaehe
121 kinf; //kin. Energie im Freistrom
122 face_t face; //einzelne Zelle der Grenze
123 radius = YMAX - YMIN;
124 ufree = UMEAN/K;
125 ff = 0.045/pow(ufree*radius/VISC,0.25);
126 utau=sqrt(ff*pow(ufree,2.)/2.0);
127 knw=pow(utau,2.)/sqrt(CMU);
128 kinf=0.002*pow(ufree,2.);
129 begin_f_loop(face, thread) //Schleife ueber gesamte Grenze
130 {
131 F_CENTROID(coord,face,thread); //bestimmt Koordinaten der Zelle
132 dist = sqrt(coord[1]*coord[1]+coord[2]*coord[2]);
133 F_PROFILE(face,thread,store_pos)=knw+(radius-dist)/radius*(kinf-knw);
134 //weist Wert Zelle zu
135 }
136 end_f_loop(face, thread)
137 }
138
139
140 //Initialisierung des Stroemungsraumes mit laminarem Profil
141
142 DEFINE_ON_DEMAND(init_lam) {
```

Anhang A

```
143 Thread* thread; //Bereich im Stroemungsraum
144 cell_t cell; //einzelne Zelle
145 real coord[ND_ND], //Koordinaten einer Zelle
146 dist, //Abstand Mittelachse-Zelle
147 ufree; //Leerrohrgeschwindigkeit
148
149 ufree=2*UMEAN;
150 thread_loop_c(thread,domain) //Schleife ueber Bereiche
151 {
152 begin_c_loop(cell,thread) //Schleife ueber Zellen von Bereich
153 {
154 C_CENTROID(coord,cell,thread); //bestimmt Koordinaten der Zelle
155 dist = sqrt(coord[1]*coord[1]+coord[2]*coord[2]);
156 C_U(cell,thread) = -(ufree-ufree*((dist*dist)/(YMAX*YMAX)));
157 //weist Wert Zelle zu
158 }
159 end_c_loop(cell,thread)
160 }
161 }
162
163
164 //Initialisierung des Stroemungsraumes mit laminarem Profil
165
166 DEFINE_ON_DEMAND(init_tur_schli) {
167 Thread* thread; //Bereich im Stroemungsraum
168 cell_t cell; //einzelne Zelle
169 real coord[ND_ND], //Koordinaten einer Zelle
170 dist, //Abstand Mittelachse-Zelle
171 ufree; //Leerrohrgeschwindigkeit
172 radius, //Rohrradius
173 ff, //Rohrreibungszahl
174 utau, //Schubspannungsgeschwindigkeit
175 knw, //kin. Energie in Wandnaehe
176 kinf, //kin. Energie im Freistrom
177 kay, //kin.Energie in aktueller Zelle
178 mix; //Mischungsweg
179
180 radius = YMAX - YMIN;
181 ufree=UMEAN/K;
182 ff = 0.045/pow(ufree*radius/VISC,0.25);
183 utau=sqrt(ff*pow(ufree,2.)/2.0);
184 knw=pow(utau,2.)/sqrt(CMU);
185 kinf=0.002*pow(ufree,2.);
186 thread_loop_c(thread,domain) //Schleife ueber Bereiche
187 {
188 begin_c_loop(cell,thread) //Schleife ueber Zellen von Bereich
189 {
190 C_CENTROID(coord,cell,thread);
191 dist = sqrt(coord[1]*coord[1]+coord[2]*coord[2]);
192
193 //Berechnung der St\"{o}mungsgeschwindigkeit
194 C_U(cell,thread) =
195 -(ufree+(utau/0.35)*(log(1-sqrt(dist/radius))+sqrt(dist/radius)));
196 //weist Wert Zelle zu
197
198 //Berechnung der Dissipationsrate
199 kay=knw+(radius-dist)/radius*(kinf-knw);
200 if (VKC*dist < 0.085*radius)
201 mix = VKC*dist;
202 else
203 mix = 0.085*radius;
204 C_D(cell,thread) = pow(CMU,0.75)*pow(kay,1.5)/mix;
205 //weist Wert Zelle zu
206
207 //Berechnung der turbulenten kinetischen Energie
208 C_K(cell,thread) = knw+(radius-dist)/radius*(kinf-knw);
209 //weist Wert Zelle zu
210 }
211 end_c_loop(cell,thread)
212 }
213 }
```

Anhang B

FO32-2-1296-o d(j) gesamte Oberfläche   VH=4,08

- d (ideal) = 32mm
- "große" Bohrungen: Anzahl Primärpartikel/2 --> 18 Kapillare! Kleine Bohrungen! Ebenfalls gleichmäßig verteilt!
  Verteilung: - eine als zentrale Bohrung + auf 3 Kreisringen (Abstand zum Mittelpunkt 6mm (5Stck), 10,75mm (5Stck) und 13mm (9Stck)
  Verteilung der kleinen Kapillare: siehe "1."

1. Bestimmung der mittleren Kapillarlänge

Anordnung der Bohrungen

- große

d=	Abstand zum MP	Kapillarlänge	Anzahl	Gesamtlänge
30,18	0	30,18	1	30,18
	5,6875	27,97760879	3	83,93282638
	10,13859375	22,3532563	5	111,7662815
	12,260625	17,59376874	9	158,3439186
		mittlere Länge:		21,3457237

Ziel: mittlere Länge   21,34042866

8mm PA   7,545

Gesamtlänge der "kleinen" Kapillaren 3457, **15819**
Anzahl: **162**

- kleine
pro Primäraggl. 18 Kapillaren, d.h. 36*18=648 insgesamt! Annahme mittlere Kapillarlänge

Abstand	Kapillarlänge	Anzahl
2,12	29,88009929	3
2,83	29,64474571	4
3,54	29,33937426	5
4,24	28,96177021	6
5,19	28,34086702	8
6,13	27,57733625	10
7,07	26,65892585	12
8,02	25,56895193	14
9,20	23,92918339	16
10,37	21,91624451	18
11,79	18,83890712	20
12,97	15,43241867	22
14,15	10,50219553	24
	Anzahl:	162

Gesamtlänge: 3454,762891
mittlere Länge: 21,32569686

2. Berechnungen

geg.:		
$A(O,gesamt)$		0,016286016
$F(W,A)$		0,001463003
$F(W,K)$		0,000358394
---> VH		4,08211
Widerstandserhöhung [%]		308,211

berechnet:		
$F(W,Kap.-ausschnitte)$		0,000143352
$F(W,P)$ ohne Faktor		9,4084E-05
Faktor:		**13,2643**
Widerstandserhöhung:		308,2107
Porosität:		52,9470

Anhang B

FO32-2-1296-o d(j) innere Oberfläche   VH=4,08

- d (ideal) = 32mm
- "große" Bohrungen: Anzahl Primärpartikel/2 --> 18 Kapillare   + kleine Bohrungen! Ebenfalls gleichmäßig verteilt!
  Verteilung: - eine als zentrale Bohrung + auf 3 Kreisringen (Abstand zum Mittelpunkt 6mm (3Stck), 10,75mm (5Stck) und 13mm (9Stck))
- Verteilung der kleinen Kapillare: siehe "1."

1. Bestimmung der mittleren Kapillarlänge

Anordnung der Bohrungen
- große

d=	Abstand zum MP	Kapillarlänge	Anzahl	Gesamtlänge
30,18	0	30,18	1	30,18
	5,65875	27,97760879	3	83,93282638
	10,13859375	22,3532563	5	111,7662815
	12,26025	17,59376874	9	158,3439186
		mittlere Länge:		21,3457237

- kleine
pro Primäraggl. 18 Kapillaren, dh 36*18=648 insgesamt Annahme mittlere Kapillarlänge

	Anzahl	Gesamtlänge
2,12	3	89,64029787
2,83	4	118,5789829
3,54	5	146,6968713
4,24	6	173,7706213
5,19	8	226,7269361
6,13	10	275,7733625
7,07	12	319,9071103
8,02	14	357,965327
9,20	16	382,8669343
10,37	18	394,4924012
11,79	20	376,7781424
12,97	22	339,5132107
14,15	24	252,0526927
Anzahl:	162	Gesamtlänge: 3454,762891
		mittlere Länge: 21,32569686

Ziel: mittlere Länge   21,34048266

8mm PA   7,545

Gesamtlänge der "kleinen" Kapillaren: 3457,15819
Anzahl: 162

2. Berechnungen

geg.:
A(O,innen)	0,013823008	
F (W,A)	0,001463003	
F(W,K)	0,000358394	
---> VH	4,08211	
Widerstandserhöhung [%]	308,211	

berechnet: F (W, Kap.-ausschnitte)   0,000112336
F (W,P) ohne Faktor   7,5405E-05
Faktor   16,1388
Widerstandserhöhung: 308,2107
Porosität: 42,2918

Anhang B

FO32-2-1296-o d(j) Porosität   VH=4.08

- d (ideal) = 32mm
- "große" Bohrungen: Anzahl Primärpartikel/2 —> 18 Kapillare + kleine Bohrungen! Ebenfalls gleichmäßig verteilt!
- Verteilung: - eine als zentrale Bohrung + auf 3 Kreisringen (Abstand zum Mittelpunkt 8mm (3Stck), 10,75mm (5Stck) und 13mm (9Stck))
- Verteilung der kleinen Kapillare: siehe "1."

1. Bestimmung der mittleren Kapillarlänge

Anordnung der Bohrungen

- große

d= 30,18

Abstand zum MP	Kapillarlänge	Anzahl	Gesamtlänge
0	30,18	1	30,18
5,65875	27,97760879	3	83,93282638
10,13859375	22,3532563	5	111,7662815
12,260625	17,59376874	9	158,3439186
	mittlere Länge:		21,3457237

Ziel: mittlere Länge   21,34048266

8mm PA   7,545

- kleine
pro Primäraggl. 18 Kapillaren, dh. 36*18=648 insgesamt Annahme mittlere Kapillarlänge   Gesamtlänge der "kleinen" Kapillaren: 3457,15819
Anzahl: 162

2,12	29,88009929	3	89,64029787
2,83	29,64474571	4	118,57898829
3,54	29,33937426	5	146,6968713
4,24	28,96177021	6	173,7706213
5,19	28,34086702	8	226,7269361
6,13	27,57733625	10	275,7733625
7,07	26,65892585	12	319,9071103
8,02	25,56895193	14	357,965327
9,20	23,92918339	16	382,8669343
10,37	21,91624451	18	394,4924012
11,79	18,83890712	20	376,7781424
12,97	15,43241867	22	339,51321107
14,15	10,50219553	24	252,0526927
		Anzahl: 162	
	Gesamtlänge:		3454,762891
	mittlere Länge:		21,32569686

2. Berechnungen

geg.:

Porosität:	62,2933823	berechnet:	V (K)	1,43932E-05
F (W,A)	0,001463003		V (P)	8,96599E-06
F (W,K)	0,000353394		F (W,Kap.-ausschnitte)	0,00017976
—> VH	4,08211		F (W,P) ohne Faktor	0,00010974
Widerstandserhöhung [%]	308,211		Faktor:	11,7037
			Widerstandserhöhung:	308,2107
			Porosität:	62,2934

- 165 -

Anhang B

FO32-2-1296-t d(j) gesamte Oberfläche   VH=2,27

- d (ideal) = 32mm
- Bohrungen: Anzahl Primärpartikel/2 --> 18 Kapillare
- Verteilung: - eine als zentrale Bohrung + auf 3 Kreisringen (Abstand zum Mittelpunkt 6mm (3Stck), 10,75mm (5Stck) und 13mm (9Stck))

1. Bestimmung der mittleren Kapillarlänge

Anordnung der Bohrungen

	Abstand zum MP	Kapillarlänge		Anzahl	Gesamtlänge
d= 30,18	0	30,18		1	30,18
	5,65875	27,97760879		3	83,93282638
	10,13859375	22,35321563		5	111,76628815
	12,260625	17,59376874		9	158,3439186

mittlere Länge: 21,3457237   Ziel: mittlere Länge 21,3404 8266

2. Berechnungen

geg.::
A(O,gesamt)	0,007238229
F (W,A)	0,000814795
F(W,K)	0,00035 8394
---> VH	2,27346
Widerstandserhöhung [%]	127,346

berechnet:
F (W,Kap.-ausschnitte)	0,000105479
F (W,P) ohne Faktor	6,84609E-05
Faktor	8,2073
Widerstandserhöhung:	127,3460
Porosität:	38,9664 1831

Anhang B

FO32-2-1296-t d(j) innere Oberfläche VH=2,27

- d (ideal) = 32mm
- Bohrungen: Anzahl Primärpartikel/2 --> 18 Kapillare
- Verteilung: - eine als zentrale Bohrung + auf 3 Kreisringen (Abstand zum Mittelpunkt 6mm (3Stck), 10,75mm (5Stck) und 13mm (9Stck))

1. Bestimmung der mittleren Kapillarlänge

d=	30,18					
	Anordnung der Bohrungen		**Kapillarlänge**	**Anzahl**	**Gesamtlänge**	
	Abstand zum MP					
	0		30,18	1	30,18	
	5,65875		27,97760879	3	83,93282638	
	10,13859375		22,3532563	5	111,7662815	
	12,260625		17,59376874	9	158,3439186	
			mittlere Länge:	21,3457237	Ziel: mittlere Länge 21,34048266	

2. Berechnungen

geg.:
- A(O,innen)   0,004423362
- F (W,A)   0,000814795
- F (W,K)   0,000358394
- ---> VH   2,27346
- Widerstandserhöhung [%]   127,346

berechnet: F (W,Kap.-ausschnitte)   7,40528E-05
F (W,P) ohne Faktor   4,95082E-05
Faktor: 10,7145
Widerstandserhöhung: 127,3460
Porosität: 28,16191087

Anhang B

FO32-2-1296-t d(j) Porosität   VH=2,27

- d (ideal) = 32mm
- Bohrungen: Anzahl Primärpartikel/2 --> 18 Kapillare
- Verteilung: - eine als zentrale Bohrung + auf 3 Kreisringen (Abstand zum Mittelpunkt 6mm (3Stck), 10,75mm (5Stck) und 13mm (9Stck))

1. Bestimmung der mittleren Kapillarlänge

Anordnung der Bohrungen

d=	Abstand zum MP	Kapillarlänge	Anzahl	Gesamtlänge	
30,18	0	30,18	1	30,18	
	5,65875	27,97760879	3	83,93282638	
	10,13859375	22,3532563	5	111,7662815	
	12,260625	17,59376874	9	158,3439186	
			mittlere Länge:	21,3457237	Ziel: mittlere Länge 21,3404266

2. Berechnungen

geg.:	Porosität:	57,05635212	berechnet:	V (K)	1,43932E-05
	F (W,A)	0,000814795		V (P)	8,21222E-06
	F (W,K)	0,00358394		F (W, Kap.-ausschnitte)	0,000165667
	--> VH	2,27346		F (W,P) ohne Faktor	0,000100142
	Widerstandserhöhung [%]	127,346		Faktor:	6,2119
				Widerstandserhöhung:	127,3460
				Porosität:	57,05635212

Anhang B

KO32-8-32-o d(j) gesamte Oberfläche   VH=0.85

- d (ideal) = 32mm
- Bohrungen: Anzahl Primärpartikel/2 --> 16 Kapillare
- Verteilung: - KEINE zentrale Bohrung, sondern 4 Kreisringe (Abstand zum Mittelpunkt 3mm (1Stck), 7mm (2Stck), 10mm (5Stck) und 13mm (8Stck)

1. Bestimmung der mittleren Kapillarlänge

Anordnung der Bohrungen Abstand zum MP	Kapillarlänge		Anzahl	Gesamtlänge
2,8509375	29,870666657		1	29,870666657
6,6521875	27,34523187		2	54,69046373
9,503125	23,73879864		5	118,6939932
12,3540625	17,72784981		8	141,8227985

d= 30,41   mittlere Länge: 21,56737013   Ziel: mittlere Länge   21,50311722

2. Berechnungen

geg.:
A(O,gesamt)	0,006433982	
F (W,A)	0,000305461	berechnet: F (W,Kap.-ausschnitte)	6,91448E-05
F(W,K)	0,000361125	F (W,P) ohne Faktor	4,6392E-05
---> VH	0,84586	Faktor:	0,2906
Widerstandserhöhung [%]	-15,414	Widerstandserhöhung:	-15,4142
		Porosität:	26,11662005

- 169 -

Anhang B

KO32-8-32-o d(j) innere Oberfläche   VH=0,85

- d (ideal) = 32mm
- Bohrungen: Anzahl Primärpartikel/2 --> 16 Kapillare
- Verteilung: - KEINE zentrale Bohrung, sondern 4 Kreisringe (Abstand zum Mittelpunkt 3mm (1Stck), 7mm (2Stck), 10mm (5Stck) und 13mm (8Stck)

1. Bestimmung der mittleren Kapillarlänge

	Anordnung der Bohrungen				
	Abstand zum MP	Kapillarlänge	Anzahl	Gesamtlänge	
d= 30,41	2,8509375	29,87066657	1	29,87066657	
	6,6521875	27,34523187	2	54,69046373	
	9,503125	23,73879864	5	118,6939932	
	12,3540625	17,72784981	8	141,8227985	
			mittlere Länge:	21,56737013	Ziel: mittlere Länge 21,50311722

2. Berechnungen

geg.:	A(O,innen)	0,003719646	berechnet:	F (W, Kap.-ausschnitte)	5,68531E-05
	F (W,A)	0,000305461		F (W,P) ohne Faktor	3,86056E-05
	F(W,K)	0,000361125		Faktor:	0,0308
	---> VH	0,84586		Widerstandserhöhung:	-15,4142
	Widerstandserhöhung [%]	-15,414		Porosität:	21,7332161

- 170 -

Anhang B

KO32-8-32-o d(j) Porosität   VH=0.85

- d (ideal) = 32mm
- Bohrungen: Anzahl Primärpartikel/2 --> 16 Kapillare
- Verteilung: - KEINE zentrale Bohrung, sondern 4 Kreisringe (Abstand zum Mittelpunkt 3mm (1Stck), 7mm (2Stck), 10mm (5Stck) und 13mm (8Stck)

1. Bestimmung der mittleren Kapillarlänge

Anordnung der Bohrungen

d=	Abstand zum MP	Kapillarlänge	Anzahl	Gesamtlänge	
30,41	2,8509375	29,87066657	1	29,87066657	
	6,6521875	27,34523187	2	54,69046373	
	9,503125	23,73879864	5	118,6939932	
	12,3540625	17,72784981	8	141,8227985	
			mittlere Länge:	21,56737013	Ziel: mittlere Länge 21,50311722

2. Berechnungen

geg.:

Porosität:	41,74647055	berechnet: V (K)	1,47247E-05
F (W,A)	0,000305461	V (P)	6,14706E-06
F (W,K)	0,000361125	F (W,Kap.-ausschnitte)	0,000116465
--> VH	0,84586	F (W,P) ohne Faktor	7,4156E-05
Widerstandserhöhung [%]	-15,414	Faktor:	0,8199
		Widerstandserhöhung:	-15,4142
		Porosität:	41,74647055

Anhang C

	AB FV28-2-1024-t			AB FV28-2-1024-o		
	η_i	$A_{O,in}$	$A_{O,ges}$	η_i	$A_{O,in}$	$A_{O,ges}$
d_k [mm]	25,326			25,327		
$F_{W,A,g}$ [N]	0,014922			0,014574		
$F_{W,K,b}$ [N]	0,006170			0,007264		
VH F_W zur VK	2,418			2,006		
Faktor F	2,734	2,556	nicht	1,538	1,414	
$d_{P,grob}$ [mm]	3,611	3,768	möglich	3,611	3,768	
Anzahl	16			16		
$d_{P,fein}$ [mm]	-			0,798	0,875	
Anzahl	-			146		
η [%]	34,51	37,57		49,58	56,04	
$A_{O,in}$ [m²]	0,003392			0,010578		
$A_{O,ges}$ [m²]	0,005867			0,012868		

	AW FO21-1,5-900-t			AW FO21-1,5-900-t+30			AW FO21-1,5-900-t+48		
	η_i	$A_{O,in}$	$A_{O,ges}$	η_i	$A_{O,in}$	$A_{O,ges}$	η_i	$A_{O,in}$	$A_{O,ges}$
d_k [mm]	19,45			19,45			19,45		
$F_{W,A,g}$ [N]	0,008750			0,012614			0,017356		
$F_{W,K,b}$ [N]	0,002431			0,003733			0,005236		
VH F_W zur VK	3,600			3,380			3,315		
Faktor F	4,136	4,447	nicht	4,332	4,136	nicht	5,297	4,084	nicht
$d_{P,grob}$ [mm]	2,996	2,874	möglich	2,799	2,874	möglich	2,480	2,874	möglich
Anzahl	15			15			15		
$d_{P,fein}$ [mm]	-			-			-		
Anzahl	-			-			-		
η [%]	37,74	34,73		32,94	34,73		25,88	34,73	
$A_{O,in}$ [m²]	0,001863			0,001863			0,001863		
$A_{O,ges}$ [m²]	0,003287			0,003287			0,003287		

	AW FO21-1,5-900-o+35			AW FO21-1,5-900-o+75			AW FO21-1,5-900-o+106		
	η_i	$A_{O,in}$	$A_{O,ges}$	η_i	$A_{O,in}$	$A_{O,ges}$	η_i	$A_{O,in}$	$A_{O,ges}$
d_k [mm]	19,27			19,27			19,27		
$F_{W,A,g}$ [N]	0,009150			0,013620			0,017039		
$F_{W,K,b}$ [N]	0,002751			0,004143			0,005656		
VH F_W zur VK	3,326			3,287			3,013		
Faktor F	2,467	2,870	nicht	2,410	2,852	nicht	2,152	2,599	nicht
$d_{P,grob}$ [mm]	2,996	2,874	möglich	2,799	2,874	möglich	2,480	2,874	möglich
Anzahl	15			15			15		
$d_{P,fein}$ [mm]	0,712	0,588		0,798	0,588		0,910	0,588	
Anzahl	132			132			132		
η [%]	57,58	48,42		57,58	48,42		57,58	48,42	
$A_{O,in}$ [m²]	0,005167			0,005167			0,005167		
$A_{O,ges}$ [m²]	0,006362			0,006362			0,006362		

Anhang C

	AW		AW		AW	
	FV16-2-196-t		FV16-2-196-t+5		FV16-2-196-t+10	
	?	$A_{O,h}$	?	$A_{O,h}$	?	$A_{O,h}$	$A_{O,ges}$

	?	$A_{O,h}$	$A_{O,ges}$	?	$A_{O,h}$	$A_{O,ges}$	?	$A_{O,h}$	$A_{O,ges}$
d_s [mm]		14,7			14,7			14,7	
$F_{W,Ag}$ [N]		0,003033			0,004336			0,005641	
$F_{W,Xb}$ [N]		0,001600			0,002530			0,003130	
VH F_W zur VK		1,895			1,714			1,802	
Faktor F	1,954	2,385	nicht	1,693	2,025	nicht	1,811	2,194	nicht
$d_{r,grob}$ [mm]	3,50	2,95	möglich	3,50	2,95	möglich	3,50	2,95	möglich
Anzahl		7			7			7	
$d_{r,fein}$ [mm]		-			-			-	
? [%]	42,11	29,92		42,11	29,92		42,11	29,92	
$A_{O,h}$ [m²]		0,000675			0,000675			0,000675	
$A_{O,ges}$ [m²]		0,001259			0,001259			0,001259	

	AW			AW			AW		
	FV16-2-196-o			FV16-2-196-o+5			FV16-2-196-o+10		
	?	$A_{O,h}$	$A_{O,ges}$	?	$A_{O,h}$	$A_{O,ges}$	?	$A_{O,h}$	$A_{O,ges}$
d_s [mm]		14,5			14,5			14,5	
$F_{W,Ag}$ [N]		0,003035			0,004340			0,005645	
$F_{W,Xb}$ [N]		0,001781			0,002691			0,003521	
VH F_W zur VK		1,704			1,613			1,604	
Faktor F	1,541	1,401	wählen!?	1,430	1,304	wählen!?	1,422	1,298	wählen!?
$d_{r,grob}$ [mm]	3,50	2,95		3,50	2,95		3,50	2,95	
Anzahl		7			7			7	
$d_{r,fein}$ [mm]	0,540	1,092		0,540	1,092		0,540	1,092	
? [%]	48,57	52,43		48,57	52,43		48,57	52,43	
$A_{O,h}$ [m²]		0,001932			0,001932			0,001932	
$A_{O,ges}$ [m²]		0,002463			0,002463			0,002463	

	FV28-2-1024-t BD					
	20 Hz			50 Hz		
	?	$A_{O,h}$	$A_{O,ges}$	?	$A_{O,h}$	$A_{O,ges}$
d_s [mm]		24,6764			24,6764	
$F_{W,Ag}$ [N]		0,000030			0,000173	
$F_{W,Xb}$ [N]		0,000014			0,000069	
VH F_W zur VK		2,100			2,508	
Faktor F	3,718	3,113	nicht	3,693	3,111	nicht
$d_{r,grob}$ [mm]	3,770	4,175	möglich	3,770	4,175	möglich
Anzahl		16			16	
$d_{r,fein}$ [mm]		-			-	
? [%]	39,60	48,57		39,60	48,57	
$A_{O,h}$ [m²]		0,003662			0,003662	
$A_{O,ges}$ [m²]		0,006333			0,006333	

Anhang C

	FV28-2-1024-o BD					
	20 Hz			50 Hz		
	η_j	$A_{O,in}$	$A_{O,ges}$	η_j	$A_{O,in}$	$A_{O,ges}$
d_k [mm]		24,6764			24,6764	
$F_{W,A,g}$ [N]		0,000014			0,000131	
$F_{W,K,b}$ [N]		0,000014			0,000069	
VH Fwzur VK		1,008			1,897	
Faktor F	0,539	0,533	wählen!?	2,109	1,550	wählen!?
dP_{grob} [mm]	3,770	4,175		3,770	4,175	
Anzahl		16			16	
dP_{fein} [mm]	0,481	0,864		0,481	0,864	
Anzahl		146			146	
η_j [%]	45,48	67,56		45,48	67,56	
$A_{O,in}$ [m²]		0,010578			0,010578	
$A_{O,ges}$ [m²]		0,012868			0,012868	

FV28-2-1024-o CJ φ gewählt, da kein Teilgefülltes vorhanden!

	20 Hz			25 Hz			30 Hz			35 Hz		
	η_j	$A_{O,in}$	$A_{O,ges}$	η_j	$A_{O,in}$	$A_{O,ges}$	η_j	$A_{O,in}$	$A_{O,ges}$	η_j	$A_{O,in}$	$A_{O,ges}$
d_k [mm]		24,6764			24,6764			24,6764			24,6764	
$F_{W,A,g}$ [N]		0,000013			0,000022			0,000035			0,000052	
$F_{W,K,b}$ [N]		0,000015			0,000022			0,000030			0,000038	
VH Fwzur VK		0,894			1,026			1,169			1,372	
Faktor F	0,263	0,331	0,357	0,577	0,559	0,552	0,870	0,772	0,734	1,252	1,050	0,972
dP_{grob} [mm]	3,700	3,700	3,700	3,700	3,700	3,700	3,700	3,700	3,700	3,700	3,700	3,700
Anzahl		16			16			16			16	
dP_{fein} [mm]	0,537	0,916	1,087	0,537	0,916	1,087	0,537	0,916	1,087	0,537	0,916	1,087
Anzahl		146			146			146			146	
η_j [%]	45,48	59,50	68,18	45,48	59,50	68,18	45,48	59,50	68,18	45,48	59,50	68,18
$A_{O,in}$ [m²]		0,010578			0,010578			0,010578			0,010578	
$A_{O,ges}$ [m²]		0,012868			0,012868			0,012868			0,012868	

Die VDM Verlagsservicegesellschaft sucht für wissenschaftliche Verlage abgeschlossene und herausragende

Dissertationen, Habilitationen, Diplomarbeiten, Master Theses, Magisterarbeiten usw.

für die kostenlose Publikation als Fachbuch.

Sie verfügen über eine Arbeit, die hohen inhaltlichen und formalen Ansprüchen genügt, und haben Interesse an einer honorarvergüteten Publikation?

Dann senden Sie bitte erste Informationen über sich und Ihre Arbeit per Email an *info@vdm-vsg.de*.

Sie erhalten kurzfristig unser Feedback!

VDM Verlagsservicegesellschaft mbH
Dudweiler Landstr. 99　　　　　　Telefon +49 681 3720 174
D - 66123 Saarbrücken　　　　　　Fax　　　+49 681 3720 1749
www.vdm-vsg.de

Die VDM Verlagsservicegesellschaft mbH vertritt

Printed by Books on Demand GmbH, Norderstedt / Germany